AF344048

LES
ACCUMULATEURS ÉLECTRIQUES

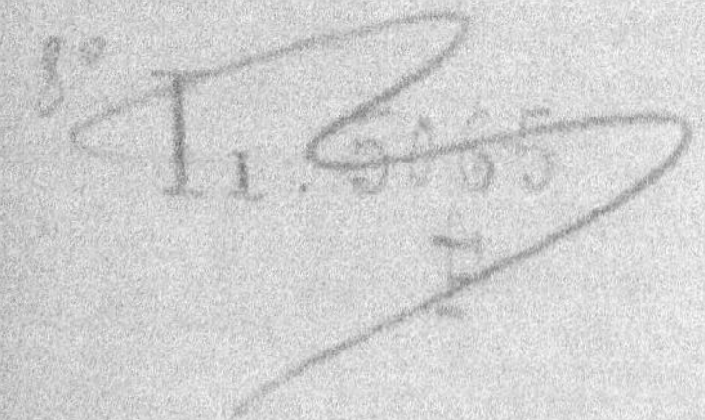

LES ACCUMULATEURS ÉLECTRIQUES

LEUR EMPLOI DANS LES INSTALLATIONS D'ÉCLAIRAGE PRIVÉ

PAR

SIR DAVID SALOMON

ÉDITION FRANÇAISE

PAR

P. CLEMENCEAU

INGÉNIEUR DES ARTS ET MANUFACTURES

PARIS

BERNARD TIGNOL, ÉDITEUR

45, QUAI DES GRANDS-AUGUSTINS, 45

PRÉFACE DE LA TROISIÈME ÉDITION

Ce petit livre est destiné à combler une lacune très regrettable dans la littérature scientifique pratique. Le lecteur y trouvera, en même temps qu'un exposé général de l'éclairage électrique et de la théorie des accumulateurs, des renseignements pratiques en nombre suffisant pour lui permettre d'entreprendre avec succès des installations de ce genre.

La rapidité avec laquelle ont été épuisées les deux premières éditions et la publication d'une traduction en langue allemande prouvent que ce livre répond réellement à un besoin.

L'édition qui paraît aujourd'hui est complètement mise à jour ; le texte a été largement augmenté et presque entièrement écrit à nouveau ; c'est ce qui a conduit à modifier aussi le titre du livre.

Nous sommes convaincu que si l'on se conforme scrupuleusement aux instructions que contient ce livre, on s'en trouvera fort bien ; ce n'est qu'à titre exceptionnel qu'il faudra recourir aux conseils d'un homme du métier. De fait, les quelques pages qui suivent sont le fruit de longues années de travail, au cours desquelles aucune dépense n'a été épargnée pour obtenir des résultats satisfaisants, résultats qui ne peuvent être atteints que par des expériences sans nombre.

Dans cet ouvrage, nous avons eu principalement en vue les accumulateurs de la *Electrical Power Storage Company*, de *MM. Elwell Parker*, et les types analogues, attendu que ces accumulateurs sont, aujourd'hui, presque universellement employés ; il existe néanmoins un grand nombre d'autres types et peut-être le temps démontrera-t-il la supériorité d'un de ces derniers ; en tout cas, ce moment n'est pas encore arrivé.

Je suis heureux de trouver ici l'occasion d'exprimer ma reconnaissance à ceux de mes amis et de mes correspondants qui ont bien voulu me communiquer de précieux renseignements et rendre par là mon travail plus facile.

Novembre 1887.

PRÉFACE DU TRADUCTEUR

Le petit ouvrage dont nous avons entrepris la traduction n'étant, comme l'indique la préface de l'auteur, que le résumé d'expériences personnelles, d'un ingénieur anglais, sur des appareils anglais, il ne faut pas nous en vouloir si la traduction n'a pu opérer, en quelque sorte, que la transformation du texte. Comme il ne nous appartenait de changer ni le modèle des accumulateurs mentionnés, ni les opinions personnelles de l'auteur, le livre traduit en français a conservé par suite le cachet de sa nationalité. Sa valeur ne s'en trouve cependant pas diminuée. Il ne s'adresse en effet qu'aux ingénieurs ou praticiens ayant déjà des connaissances assez étendues; il n'a pas la prétention d'apporter un exposé de théories anciennes ou nouvelles, et les renseignements pratiques qu'il renferme conviennent également aux installations d'éclairage français ou anglais. Nous avons cru devoir toutefois supprimer quelques prix de revient et certaines évaluations numériques contenus dans le dernier chapitre, les conditions d'établissement étant par trop différentes dans les deux pays.

P. C.

SYMBOLES ET ABRÉVIATIONS

H_2O = Eau.
H_2SO_4 = Acide sulfurique.
PbO_2 = Peroxyde de plomb.
H = Hydrogène.
O = Oxygène.
Pb = Plomb.
F. E. M. = Force électromotrice *ou* tension du courant.
Ampère = Mesure de l'intensité du courant.
Volt = Mesure de la tension du courant.
Watt = Volt $\times$ Ampère = Mesure de l'énergie électrique.
Électrolyte = Liquide d'une pile.
p. s. = Poids spécifique.
p. l. = Pouvoir lumineux en bougies (candles).

LES
ACCUMULATEURS ÉLECTRIQUES

PREMIÈRE PARTIE

LES PILES SECONDAIRES

CHAPITRE I

Description et modes d'emploi des piles secondaires.

Nous ne définirons pas ici l'élément voltaïque simple et nous admettrons que chacun sait ce que c'est qu'une pile. Une pile comprend essentiellement un récipient renfermant l'électrolyte, dans lequel plongent des plaques ou électrodes. Lorsqu'on relie ensemble un certain nombre de piles, on forme une batterie; on donne à cette batterie le nom d'accumulateur, quand les piles ainsi groupées sont des piles secondaires. Les plaques sont formées d'éléments positifs et d'éléments négatifs. Dans une pile, toutes les plaques de même nom communiquent métalliquement entre elles, tandis que les plaques de nom contraire ne sont pas en contact immédiat, ni dans la pile, ni en dehors de la pile. Les plaques ne communiquent électriquement entre elles, à l'intérieur de la pile, qu'à travers l'électrolyte; à l'extérieur, la communication électrique s'établit, en reliant l'une à l'autre les deux séries de plaques par un conducteur dont la forme peut être très complexe, un fil de cuivre, par exemple, de grande longueur, avec, disposées sur son parcours, une ou plusieurs lampes électriques. Dans ces conditions, on dit que le circuit est *fermé*, et ce circuit devient le siège d'un courant électrique. Dès qu'on rompt le conducteur extérieur, le courant cesse de passer et le circuit est *ouvert*. L'emploi d'un certain nombre de plaques au lieu d'une seule plaque positive et d'une seule plaque négative, n'a d'autre but que d'éviter l'inconvénient des trop grandes plaques. Les piles sont de deux espèces : primaires ou secondaires. De piles *primaires*, il existe autant de formes qu'il y a d'étoiles au firmament, mais toutes présentent une même propriété caratéristique ; lorsqu'elles sont épuisées, les produits chimiques qui les constituent doivent être renouvelés en partie ou en totalité ; les plaques elles-mêmes doivent être changées de temps à autre. Toutes les fois qu'il s'agit d'une installation pratique d'éclairage électrique, l'emploi de ces piles est à rejeter, bien qu'un assez grand nombre de fabricants affirment le contraire. Nous ferons une exception en faveur de la pile au chlore plus connue sous le nom de *pile Upward*, du nom de l'inventeur. Mais, même dans ce cas, on s'expose à certains mécomptes et l'on ne peut opérer sur une grande échelle. On aurait d'ailleurs tort de s'imaginer qu'on n'arrivera pas un jour à posséder une bonne pile primaire; car il n'y a là aucune impossibilité matérielle.

Les piles de la deuxième espèce, se nomment piles secondaires, parce qu'elles peuvent être régénérées par le simple passage d'un courant électrique et sans qu'il soit nécessaire de remplacer les sels épuisés par des sels frais. M. Fitz-Gerald a trouvé pour ces piles un nom très heureux et les a appelées des *piles réversibles*.

Les piles secondaires sont les seules dont nous nous occuperons ici. Nous supposerons, d'ailleurs, que le lecteur possède déjà des notions générales d'éclairage électrique, et ceci nous évitera l'ennui d'entrer dans de minces détails que l'on trouvera, du reste, en consultant n'importe quel traité élémentaire d'é'ectricité.

Les fabricants ont coutume, et c'est là un usage sanctionné par la pratique, d'appeler plaques négatives les plaques qui, en réalité, sont positives et inversement; pour ne pas introduire de confusion dans l'esprit de nos lecteurs, nous nous conformerons à cet usage d'un bout à l'autre du présent ouvrage.

Les récipients qui contiennent l'électrolyte sont faits en verre, en métal, en bois revêtu de verre, de goudron ou de celluloïde. Lorsqu'il s'agit d'une installation fixe, on a tout avantage à employer le verre, mais pour les batteries mobiles, et c'est le cas des bateaux, des tramways, etc., il convient de faire choix d'une autre matière.

Les liquides ou électrolytes que l'on peut employer sont extrêmement nombreux; l'électrolyte est alcalin, acide ou neutre, suivant la nature des plaques et diverses autres considérations.

Quant aux plaques, elles sont souvent toutes métalliques; parfois on prend pour l'une des électrodes du métal, pour l'autre électrode du charbon ou toute autre substance convenablement choisie; enfin, dans certains cas, les électrodes ne sont ni l'une ni l'autre en métal.

Il n'y aurait pas grand intérêt à décrire les différentes espèces de piles secondaires, dans un livre qui s'adresse au praticien seul; car, au point de vue pratique, il n'y a actuellement que deux sortes de piles qui présentent une valeur réelle. Dans la première, les plaques sont constituées par du plomb à l'état spongieux ou granuleux; dans la deuxième, les plaques également en plomb (ou alliage de plomb), sont perforées de trous où l'on coule un composé de plomb. Ce dernier type a donné naissance à une très grande variété de modèles, mais le principe est toujours le même. Il existe enfin un troisième type qui emploie des plaques en plomb, conjointement avec des plaques en zinc ; mais ces piles ne peuvent être rechargées un nombre indéfini de fois, attendu que le zinc ne reprend pas, après chaque renversement de courant sa forme primitive ; ce fait, joint à la production des cristaux de zinc, rend cette espèce de piles impropre aux installations d'éclairage électrique d'une certaine importance. Elles sont d'un usage commode, quand il s'agit d'alimenter des lampes portatives ou des lampes de laboratoire, car le poids correspondant à l'énergie emmagasinée est relativement faible. En somme, nous n'avons que deux types à examiner et à décrire.

Planté est le premier qui ait fait voir que les piles à plaques de plomb pleines étaient réversibles, bien qu'on dise souvent que d'autres physiciens avaient avant lui découvert cette propriété. Faure a eu le grand mérite d'avoir modifié la pile de Planté, de façon à en faire une pile pratique, et, de fait, c'est le modèle Faure qui seul aujourd'hui est si répandu.

L'idée première qui a présidé à tous les perfectionnements apportés à ce genre de piles a été de rendre les plaques de plomb poreuses, tout en conservant leur résistance mécanique, de façon à mettre en contact avec l'électrolyte une surface aussi grande que possible.

Dans le deuxième type de piles, les plaques sont perforées et présentent des alvéoles comme la cire d'un gâteau de miel. Dans ces alvéoles, on coule une pâte qui est de la litharge pour les plaques négatives et pour les plaques positive, du minium mélangé avec de l'acide sulfurique ; ce mélange forme du sulfate de plomb. Les deux types de piles, le type alvéolé et le type genre Planté, emploient comme électrolyte, de l'acide sulfurique étendu.

L'action chimique est la même, pour l'un et l'autre type; elle peut être définie d'une façon générale en disant qu'il y a plus d'oxygène dans les plaques positives, et plus d'hydrogène dans les plaques négatives, quand les piles sont chargées, que lorsqu'elles sont déchargées. Sans entrer dans le détail même des procédés de fabrication, il nous semble néanmoins intéressant d'en dire quelques mots.

Occupons-nous d'abord des piles genre Planté. Ces piles sont fabriquées chez un assez grand nombre d'industriels, et chaque fabricant emploie un procédé spécial pour rendre les plaques poreuses. Les uns obtiennent la porosité par un genre de fusion et de moulage particulier, d'autres prennent, pour faire les plaques, des rubans de plomb, la plupart traitent enfin les plaques par de l'acide nitrique avant de les placer dans le liquide. Dans tous les cas, l'objectif est le même: obtenir une grande porosité. A l'origine, les plaques positives et négatives sont identiques. Ces plaques présentent des projections venues de fonte ou rapportées après coup, projections qui émergent au-dessus du niveau de l'électrolyte, en sorte que les plaques elles-mêmes sont complètement noyées. Ceci fait, on soude à toutes les projections des plaques positives, destinées à une même, pile un ruban de plomb et on procède de même pour les plaques négatives. Les deux séries de plaques sont ensuite chevauchées et forment comme un livre compact dont les plaques, alternativement positives et négatives, représentent les feuillets; chaque plaque est séparée de la plaque voisine, par une paroi non conductrice, feuille de gutta-percha, de vulcanite, etc. Ces plaques ainsi groupées sont maintenues dans leur position relative par une bague en caoutchouc ou par un cadre en bois paraffiné, et l'ensemble constitue ce qu'on nomme une *section*. Ces sections sont prêtes à être *formées*. L'opération de la formation consiste à faire passer pendant un temps assez long, un courant électrique à travers la pile dont on groupe les éléments en série avant de les soumettre à ce traitement.

Bien qu'au début de l'opération, les plaques négatives et positives soient identiques, la formation a pour effet de modifier au bout d'un certains temps, la composition chimique de ces plaques qui deviennent ainsi capables de retenir une charge plus ou moins grande; on obtient, pour parler un langage scientifique, par ce traitement, une bonne batterie primaire avec des propriétés réversibles.

Le principal inconvénient de ce genre de piles est qu'elles nécessitent un grand nombre de *renversements* de courant avant d'obtenir une bonne capacité d'emmagasinement, et lorsque la capacité maxima est atteinte, les plaques sont devenues friables. Il faut donc attendre assez longtemps avant d'arriver à une grande capacité, sans compter que ces *renversements* sont une source d'ennuis et de dépenses. Voici ce que l'on entend par ce mot *renversement* : on décharge complètement la pile à travers une résistance; puis, on la charge en sens inverse, et on complète l'opération en procédant à une nouvelle décharge et à une nouvelle charge dans le sens primitif. Les piles, genre Planté sont également très lourdes eu égard à leur capacité. La seule qualité qui milite en leur faveur est que les plaques peuvent impunément supporter un très fort courant de charge ou une décharge très rapide, ce qui n'est pas le cas des piles alvéolées. Ces batteries sont donc très avantageuses toutes les fois qu'il s'agit de régler la lumière ou d'obtenir des décharges courtes et énergiques. Mais elles sont peu propres à l'accumulation même, bien que certains auteurs autorisés affirment en avoir obtenu les meilleurs résultats.

Le deuxième type de piles est incontestablement le plus répandu, malgré les soins particuliers et l'attention qu'il exige et l'on peut dire qu'il est aujourd'hui d'un usage presque général. Pour ce qui, dans les pages qui suivent, a trait aux éléments s'adresse presque exclusivement à ce genre de piles; il y a d'ailleurs moins de choses à en dire, parce qu'elles sont plus simples. Du reste, tous les phénomènes généraux, qui interviennent pendant la charge et la décharge sont évidemment les mêmes pour les deux genres de piles.

Les plaques alvéolées peuvent être faites de plusieurs manières, mais tous les procédés tendent vers un même but qui est d'obtenir, soit avec du plomb, soit avec une autre matière, une forme rigide dans laquelle on coule la pâte.

Les plaques E. P. S. (*Electrical Power Storage C*ⁿ et la plaques E. P. (Elwell Parker) sont identiques, à part certains détails dont il sera question plus loin et obtenues avec du plomb ou un alliage de plomb; le métal est coulé en plaques et chaque plaque est couverte de trous carrés de forme pyramidale, la base de la pyramide s'appuyant sur la surface de la plaque; une projection est venue de fonte avec la plaque pour permettre de relier toutes les plaques à un même ruban de plomb au moment du montage de la pile. Les deux maisons de constructions dont nous nous occupons ici, emploient actuellement, pour obtenir de meilleures plaques, un alliage de plomb qui est plus résistant que le plomb seul. Dans les deux types, les alvéoles des plaques positives et négatives ont eu longtemps les mêmes dimensions; aujourd'hui, les plaques E. P. présentent des alvéoles plus grandes dans les électrodes positives. Les plaques destinées à former les électrodes positives sont remplies avec une pâte épaisse de minium et d'acide sulfurique; pour le remplissage des plaques négatives, on se sert d'un mélange de litharge et d'acide sulfurique; on pourrait, dans ce dernier cas, remplacer l'acide par de l'eau, mais la pâte aurait une cohésion moins grande.

Voici comment on procède pour le montage des sections. On soude à une même lame de plomb les projections d'un certain nombre de plaques positives et l'on repète la même opération pour un même nombre de plaques négatives. Ces deux séries de plaques sont ensuite chevauchées ; elles s'emboîtent les unes dans les autres, de telle sorte qu'une plaque négative est toujours comprise entre deux plaques positives et inversement, chaque plaque se trouvant isolée des plaques voisines. Dans la marque E. P. S., cette relation a été obtenue pendant longtemps en disposant des blocs de caoutchouc dans quelques-uns des trous de chaque plaque négative ; aujourd'hui on a renoncé à ce procédé et on se sert de bagues de caoutchouc que l'on enfile autour des plaques négatives avant de les mettre en place ; chaque plaque reçoit une ou deux de ces bagues disposées verticalement. Une épaisse plaque de verre termine la section à chacune de ses extrémités et l'ensemble est maintenu en place par deux fortes bagues en caoutchouc qui embrassent le tout, l'une à la partie supérieure et l'autre à la partie inférieure de la section. Le nombre des plaques négatives surpasse toujours d'une unité celui des plaques positives, en sorte que l'on aperçoit à chaque extrémité de la section une plaque négative ; quant aux autres plaques, on n'en voit que la tranche ; elles sont à une distance de six millimètres environ les unes des autres et alternativement positives et négatives. Dans ces conditions, les plaques positives et de même les plaques négatives ne communiquent entre elles que par la lame de plomb à laquelle sont soudées les projections ; cette lame est assez longue pour permettre la liaison d'une pile à une pile voisine et l'extrémité des projections, ainsi que la lame de connexion, se trouve toujours en dehors de l'électrolyte. Ainsi montée, la section E. P. S. est prête pour la formation. Ce type de section est représenté par la figure 1.

Dans le type E. P, le montage est un peu différent et se fait comme suit (voir fig. 2 et 3).

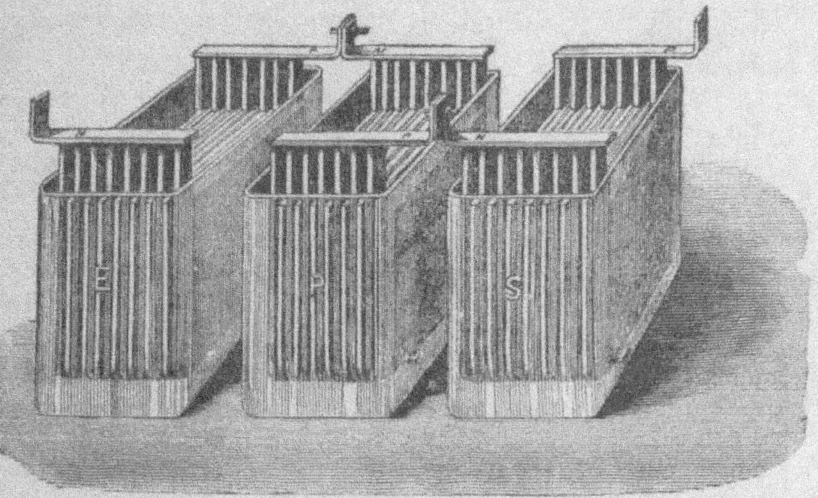

Fig. 1.

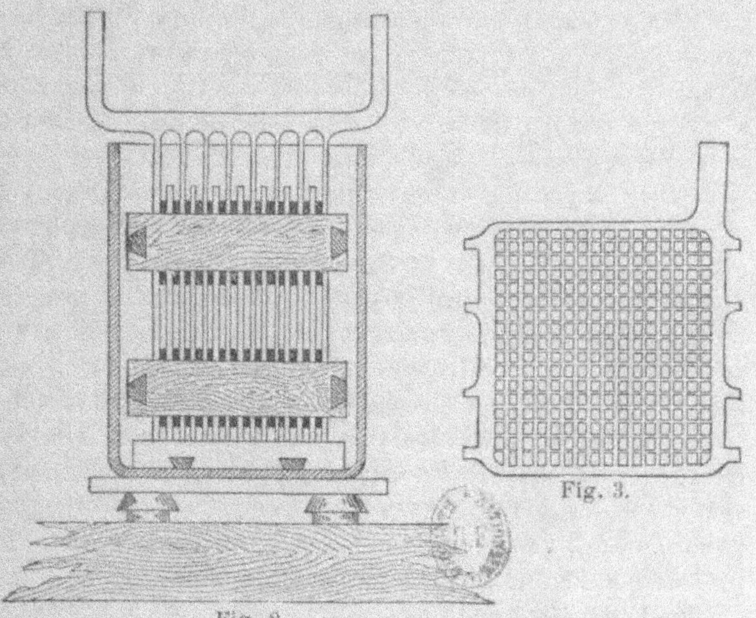

Fig. 2.

Fig. 3.

Le procédé anciennement employé, semblable à celui aujourd'hui appliqué pour les plaques E. P. S., consistait à se servir de bagues de caoutchouc pour séparer les plaques. En réalité, l'*Electrical Power Storage C°* n'a commencé à faire usage de bagues en caoutchouc que bien après que MM. Elwel Parker les eussent adoptées ; la même remarque s'applique également à l'emploi d'un alliage pour les plaques. Aujourd'hui, les sections E. P. sont montées dans de forts châssis en bois, bois préalablement imprégné de paraffine bouillante. Les carrés (quand on regarde les plaques, les alvéoles apparaissent comme des carrés) sont plus grands sur les plaques positives que sur les plaques négatives; les plaques sont également plus minces. Les sections perfectionnées de MM. Elwell Parker se montent actuellement d'après un procédé breveté, dans lequel il n'est fait usage ni de blocs, ni de bagues en caouchouc. Le procédé consiste essentiellement à laisser venir sur les arêtes latérales des plaques des petites portées, placées à une distance convenable les unes des autres, qui viennent s'appuyer sur les traverses du châssis en bois; dans les mêmes traverses sont ménagés des évidements, où l'on place des cubes en ébonite entre lesquels se trouvent serrées les plaques. Le principe de ce montage, qui peut être appliqué sous les formes les plus variées, rend inutile l'interposition de quoi que ce soit entre les plaques et comme les projections sont dans le prolongement des plaques, l'espace entre celles-ci est laissé complètement libre; on peut, à la rigueur, mettre des baguettes d'ébonite entre les plaques, mais cela n'est pas absolument nécessaire. Ces plaques ont, comme les autres, des projections servant à établir des connexions; seulement, au lieu de souder à ces projections une lame de plomb, on fait venir ensemble de fonte la lame sur les projections, ce qui est plus commode et plus propre.

Quant aux pâtes dont en remplit les alvéoles, la composition en est sensiblement la même que dans les plaques E. P. S.; pour l'un et l'autre type, l'électrolyte est de l'acide sulfurique dilué.

Dans tous les cas, les sections portent sur le châssis en bois ou sur les cales, en sorte qu'elles ne touchent pas le fond du récipient. Le montage terminé, on groupe les piles en série et l'on y fait passer, pendant un temps assez long, un courant qui a pour effet de transformer la pâte des plaques positives en peroxyde de plomb; mais la transformation n'est pas complète, ainsi que nous le verrons plus loin et la pâte des plaques négatives est partiellement réduite en un plomb finement divisé. Lorsque les sections ont été soumises à ce traitement, on dit qu'elles sont formées, c'est-à-dire prêtes à être employées. On verra, dans un prochain chapitre, que l'opération complète de la charge et de la décharge est une *sulfatation*, et là où ce mot de *sulfatation* est employé, on veut dire qu'il se forme sur les plaques positives des sulfates que l'on ne peut réduire, ou du moins qui sont difficiles à réduire; ce mot de *sulfatation* est donc un abréviatif et signifie *formation nuisible de sulfate*. Dans le même ordre d'idées, l'expression *complètement chargé* doit être prise dans le sens de *chargé suffisamment pour les besoins de la pratique*.

Les plaques positives et négatives se distinguent les unes des autres par la couleur. Les plaques positives sont couleur de prune; on dit souvent qu'elles sont couleur chocolat, rouge, rouge brun ou brunes. Les plaques négatives ont une teinte jaunâtre sur la plus grande partie de leur surface et ardoise claire sur les bords.

Nous devons signaler encore une troisième espèce de plaques positives, les *plaques de l'avenir*, comme on les appelle; mais ici une grande réserve s'impose, car ces plaques n'ont pas jusqu'à présent subi l'épreuve de la pratique et l'occasion de les soumettre à des essais de durée ne s'est pas encore présentée. Ces plaques sont en peroxyde de plomb solide sans châssis de plomb. M. Fitz-Gerald qui est considéré comme l'inventeur de ces plaques, a donné à la substance dont elles sont fabriquées le nom de *lithanode*; il n'y a d'ailleurs pas la moindre raison pour baptiser d'un, nom nouveau un corps connu depuis bien longtemps.

Beaucoup de personnes désignent ces plaques sous le nom de *Plaques-Union* du nom de la Société qui prétend avoir le monopole de leur fabrication et qui en fabrique sans doute, bien que jusqu'à présent on n'en trouve pas sur le marché électrique. Il est très probable que ces plaques de lithanodes donneront de fort bons résultats soit sous leur forme actuelle, soit sous une forme plus ou moins modifiée et pour des motifs que les considérations exposées dans un des chapitres qui suivent établiront clairement.

Les piles secondaires, quel que soit le type que l'on emploie, nécessitent toujours du soin et de l'attention; mais un homme intelligent, placé aux côtés d'une personne compétente, apprendra bien vite tout ce qu'il convient de faire dans les divers cas qui peuvent se présenter et ne tardera pas à s'apercevoir que, somme toute, l'accumulateur prend soin de lui-même.

Tous les éléments à plaques de plomb, quelle qu'en soit la forme donnent deux volts environ; il résulte de là que pour l'éclairage électrique on en a toujours besoin de plusieurs, les tensions les plus fréquemment usitées dans la pratique sont, en effet, celles de 50, 60, 80 et 100 volts; les tensions inférieures relativement faibles, s'emploient pour les petites installations de 30 à 50 lampes de 16 bougies, les tensions plus élevées pour un nombre plus considérable de lampes. Un accumulateur comprend donc, en général, 25 à 50 éléments ou mieux 27 à 54, pour laisser quelque marge à l'imprévu.

Pour faire le groupement des piles, on relie la lame de

plomb établissant la communication entre toutes les plaques positives d'une pile à la lame de plomb établissant la communication entre toutes les plaques négatives de la pile suivante, et ainsi de suite. On dit alors que les piles sont groupées en série. Les lames de plomb peuvent être soudées les unes aux autres ou réunies au moyen de boulons et d'écrous de serrage ou encore au moyen de pinces.

On peut aussi grouper les piles en quantité; deux ou plusieurs éléments agissant dans ce cas (toutes les dimensions étant supposées égales) comme un seul élément de capacité double ou plus grande, la F. E. M. étant toujours celle d'un seul élément. On peut encore faire des groupements mixtes : plusieurs éléments en série et les deux séries en quantité. Supposons, par exemple, qu'une installation fonctionnant avec 50 volts ait besoin tout à coup d'une capacité double avec la même tension, et que l'on ne puisse employer des piles plus grandes, il faudra alors ajouter aux 27 éléments primitivement installés, 27 nouveaux éléments et les grouper tous deux à deux en quantité. Voici comment on procède dans ce cas : les plaques positives et les plaques négatives de deux piles sont reliées ensemble, c'est-à-dire les plaques positives aux plaques positives et les plaques négatives aux plaques négatives; les éléments ainsi couplés deux à deux, sont ensuite groupés en série comme les piles ordinaires, chaque couple étant considéré comme une pile unique. Il va sans dire que des groupements beaucoup plus compliqués se présentent parfois : on met les piles en série, puis en quantité, puis encore en série. Toutes les combinaisons peuvent, dans certains cas spéciaux, trouver leur application.

CHAPITRE II

Montage des éléments et choix du local pour les accumulateurs.

Sitôt leur arrivée, les vases doivent être déballés et préparés pour recevoir les plaques qui sont loin de se bonifier en restant exposées à l'air.

On aura eu soin de préparer pour la réception des piles de rayons en bois solides et de petites planches sur lesquelles on placera les piles. Les planches reposent à leur tour sur des isolateurs en porcelaine ou en verre qui, dans certains modèles, peuvent être remplis d'huile, pour assurer une isolation plus parfaite. Les vases en verre — le verre est ce qu'il y a de meilleur quand il s'agit d'une installation fixe — devront être placés sur les petites planches supportées par les isolateurs, les unes à la suite des autres le long des rayons, en laissant un espace libre de 25 millimètres environ entre deux piles consécutives et en ayant soin surtout que les vases ne se touchent pas. On pourrait placer les piles directement sur les isolateurs en porcelaine, mais il vaut mieux interposer une planchette, sans quoi on risque de casser le vase par suite d'une inégale répartition du poids. Il est bon de vernir les rayons et les planchettes ; cela est avantageux au point de vue de l'isolation et plus propre. Le bord supérieur de chaque vase est enduit tout autour, et sur une hauteur de deux centimètres, de paraffine afin d'empêcher les sels grimpants d'atteindre le sommet du vase et de compromettre l'isolation: Il est de la plus haute importance que chaque pile soit parfaitement isolée afin, d'éviter les pertes par dérivation. Dans la pièce même, il ne doit rien y avoir qui puisse être attaqué par les fumées acides; une bonne ventilation est une condition essentielle au point de vue de la santé du surveillant; d'ailleurs, s'il en était autrement, il lui serait presque impossible de pénétrer dans la pièce pendant les heures de charge. L'opération qui vient ensuite est le déballage des plaques, déballage auquel il faut procéder avec soin. Les plaques arrivent dans des caisses ou des boîtes, une section par caisses : ces caisses doivent être manipulées avec précaution. On sortira la section de la caisse sans déranger aucune plaque et si l'emballage a été fait avec de la paille, on ôtera jusqu'au dernier brin de paille; faire bien attention qu'il ne reste aucun éclat ou morceau de pâte entre les plaques. L'espace entre les plaques doit être absolument vide. Le succès de l'installation dépend, dans une large mesure, de la manière dont les sections ont été déballées et débarrassées de leurs corps étrangers.

Nous supposerons maintenant que les vases en verre ont été bien nettoyés, enduits de paraffine sur leurs bords et placés sur les rayons et que toutes les plaques ont été déballées : il s'agit alors de mettre les sections dans les vases. Dans un local bien aménagé pour recevoir des accumulateurs, cette opération est assez simple et nous décrirons bientôt les dispositifs qui nous paraissent les meilleurs; mais pour commencer, admettons qu'il n'y ait aucun luxe d'installation.

On prend sur le rayon le premier vase de droite ou de gauche et on le pose par terre sur une des planchettes dont nous avons parlé. Cette planchette doit être un peu plus étroite que le vase afin que l'on puisse facilement enlever celui-ci, les plaques une fois mises en place. On commence par introduire dans le vase le support destiné aux plaques; ce support est, la plupart du temps, un châssis en bois. Il faut faire bien attention au sens dans lequel on introduit ce châssis; les côtés les plus forts du châssis sont ceux sur lesquels viendront porter les projections dont sont munies les tranches des plaques; ces côtés font d'ailleurs saillie sur le niveau général du châssis; la face plane est celle qui doit reposer sur le fond du vase. Si le châssis n'est pas bien d'aplomb, on devra le mettre de niveau, en rapportant des cales en bois paraffiné. Cette précaution est utile si l'on ne veut pas s'exposer à ce que le poids des plaques brise le récipient. Le châssis une fois en place, on prend une section, on la soulève au-dessus du vase et on la laisse doucement descendre jusqu'à ce qu'elle vienne bien reposer sur le cadre; il faut faire attention que les plaques ne se dérangent pas et qu'elles soient bien droites au centre du vase. La section ne doit pas toucher les parois et un petit espace libre doit être ménagé tout autour. En général, l'ouverture des vases est carrée; quand elle ne l'est pas, on a soin de laisser un plus grand vide entre les tranches des plaques et les parois du vase, à moins toutefois que les dimensions de la section soient telles qu'on ne puisse adopter ce dispositif qui a l'avantage de ménager une place pour le pèse acide (fig. 4).

Pour manœuvrer les sections qu'on est obligé de retirer d'abord des caisses et de mettre ensuite dans les vases, le plus commode est de se servir de crochets. Il faut deux hommes pour ce travail à cause du poids très considérable des plaques. Ces crochets sont faits avec des barres de fer rondes de 8 millimètres de diamètre, pliées en forme d'U. les extrémités libres étant elles-mêmes courbées en crochets suivant des demi-cercles de 5 centimètres de diamètre. Les extrémités crochues se trouvent dans des plans

Fig. 4.

normaux à celui du grand étrier, en sorte qu'elles n
peuvent être vues lorsque l'ensemble se présente sous la
forme de la lettre U. Les angles de l'U sont carrés, aussi,
a-t-on soin d'enfiler sur la tige un tube à gaz de 12 millimètres de diamètre environ pour éviter que l'on se blesse
aux mains en manœuvrant les plaques. Pour soulever les
plaques, on place deux crochets sous chacune des lames de
connexions. Deux personnes peuvent ainsi soulever facilement les sections les plus lourdes et les poser doucement
dans les vases sans risquer de rien casser. Quand une pile
est ainsi montée on la remet à sa place sur le rayon.

La manière la plus commode de faire cette opération est
de placer la pile, qui est encore sur le plancher, sur une
des planches destinées à supporter les piles et reposant sur
des isolateurs, puis de soulever ensemble la pile et la
planche et de remettre le tout en place.

Pour les rayons élevés, un étais est nécessaire, à cause
du grand poids qu'il faut manier. On fera bien d'avoir
un plancher en briques réfractaires, à facettes, présentant
une certaine pente et une rigole d'écoulement pour les
eaux. Ceci permet de nettoyer facilement le sol en versant
de l'eau dessus, et en même temps, grâce au modèle des
briques, le plancher est toujours sec sous les pieds. Les
planches en bois ne tardent pas à se pourrir, par suite des
acides qui tombent dessus. Quand toutes les piles ont été
mises en place, on procède à l'établissement des connexions.
Nous avons dit dans le précédent chapitre comment s'éta-
blissaient ces connexions. On peut employer suivant les cas
des joints soudés, des boulons à écrous ou des bornes de serrage. Souvent on s'imagine qu'il faut toujours souder les
pièces qui se touchent mais cela n'est pas indispensable, pourvu
que les lames de plomb soient en contact sur une assez grande
surface et qu'on ait soin de les bien nettoyer. Les extrémités
des lames de plomb sont repliées à angle droit, de telle sorte

que la partie où se fait la liaison entre deux piles voisines présente la forme d'un T renversé (⊥). Quand le contact n'est pas parfait, il s'échauffe par le passage du courant. Il faut s'attacher à faire les contacts de telle façon, qu'il y ait la moins grande longueur possible de lames de plomb en circuit, ce qui a pour effet de diminuer la résistance et, par suite, l'énergie perdue. On fera bien de plonger les isolateurs dans de la paraffine ; on augmente ainsi, d'une part, leurs qualités isolantes et, d'autre part, on rend plus facile le déplacement des planches sur lesquelles reposent les piles ; en pratique, cela est très commode pour la mise en place des éléments. Le local devra être frais et, autant que possible, abrité du soleil, car les vases exposés aux rayons solaires se brisent fréquemment. Les conditions sont également avantageuses, au point de vue de l'évaporation qui doit être réduite au minimum. Lorsqu'on peut le faire, il est bon de ménager derrière les rayons, un couloir assez large pour livrer passage à une personne, afin que les deux bords des plaques puissent être inspectés. De rayon à rayon, l'écartement prévu doit être assez grand pour qu'il soit facile de voir le dessus des piles. Dans le montage que nous indiquons ici, les éléments sont placés de telle façon que les arêtes vives des plaques, font toujours face à la personne qui regarde les rayons. Avant de serrer les bornes en laiton ou en bronze, on a soin de les bien nettoyer avec une brosse enduite de paraffine, que l'on fait fondre dans un vase en métal ou en terre.

Les accumulateurs sont en général assez lourds et difficiles à manier ; on évite toutes les difficultés qui, de ce chef, résultent pour le montage si l'on prend la précaution d'installer au plafond un chariot roulant, auquel est reliée, par des cordes à poulies mouflées, une plate-forme munie d'un contrepoids mobile ; on peut ainsi, en quelques instants, placer sur un rayon, ou en enlever une pile, quelque lourde qu'elle soit. La gravure placée à la première page de ce livre représente un appareil de levage de ce genre. Grâce au jeu du contrepoids mobile, la plate-forme peut toujours rester de niveau, qu'elle soit chargée d'une pile ou non, et le point de suspension ne se trouve pas sur la verticale passant par le centre de l'élément, ce qui ôterait au système toute utilité dans le cas des rayons.

Les personnes qui montent une batterie s'exposent à certains désagréments; elles risquent de détruire leurs vêtements et de s'abîmer les mains. Il n'est pas inutile de prendre quelques précautions. Les chaussures devront être enduites d'un mélange de paraffine et de cire d'abeille, mélange très plastique. On mettra un tablier en grosse toile doublée de flanelle ordinaire. Les vêtements seront en laine cousus avec de la laine et non pas avec du coton. La laine, n'est, en effet, presque pas attaquée par les acides. La chemise devra être trempée dans une solution épaisse de carbonate de soude et bien séchée. Grâce à ces précautions, les vêtements sont parfaitement bien garantis. Il faut toujours avoir dans la pièce un flacon d'ammoniaque pur en prévision du cas où une goutte d'acide viendrait jaillir sur les vêtements. Il suffit alors de déboucher le flacon et d'appuyer le bouchon humide sur l'endroit atteint pour neutraliser l'acide et éviter qu'un trou ne se forme dans l'étoffe.

Il faut également avoir à portée de soi un seau plein d'eau rendue fortement alcaline par du carbonate de soude, afin de pouvoir y tremper les mains et les empêcher de se brûler sous l'action corrosive des acides.

Les piles étant ainsi mises en place et les connexions établies, il ne reste plus qu'à verser le liquide, à attacher les fils venant de la dynamo et à commencer la charge. On a coutume de peindre en rouge les lames reliant entre elles les plaques positives, et en noir les lames qui relient les plaques négatives; souvent aussi on ne peint pas du tout ces dernières lames ; il suffit ainsi d'un coup d'œil pour reconnaître les bornes positives. Les deux piles extrêmes de la batterie présentent une lame libre ; cette lame est positive pour l'une des piles, négative pour l'autre, à moins que l'on n'ait commis quelque erreur dans le montage. On relie le pôle positif de la batterie au câble positif de la dynamo et le pôle négatif au câble négatif. La dynamo doit être une machine à courant continu excitée en dérivation. Il est de la plus haute importance que ces connexions soient bien établies, aussi est-il essentiel de vérifier soi-même les câbles de la dynamo. On prendra, à cet effet, un vase quelconque — un pot de confiture fait bien l'affaire, — et deux rubans de plomb de 25 millimètres de largeur environ et de 15 centimètres de longueur. On cloue ces rubans de plomb sur une latte en bois carrée de 4 centimètres de section environ, et de 10 centimètres de longueur, en s'arrangeant de manière que les rubans de plomb se projettent normalement au plan de la pièce de bois. Il faut faire attention que les clous ne se rencontrent pas au centre de la latte en bois. On fera bien de passer sur cette planche une couche de gomme laque.

Au moyen de bornes ordinaires, telles que celles employées pour les piles de laboratoire, ou relie chacun des rubans de plomb à l'un des câbles de la dynamo en mettant en circuit une lampe de 16 bougies pour réduire l'intensité du courant. Comme les câbles venant de la dynamo sont trop gros pour établir directement ces connexions, on prend des bouts de fil de un millimètre environ de diamètre, au moyen desquels on relie les câbles aux rubans de plomb. Dans le vase, on verse de l'acide sulfurique dilué (dix parties d'eau pour une partie d'acide). On nettoie bien ensuite, en les grattant, les rubans de plomb, on les place dans le liquide et on met la dynamo en marche à une vitesse modérée. Au bout de quelques instants, si on examine les pièces de plomb, on reconnaît que l'une est devenue brune et l'autre grise. L'électrode devenue brune est celle reliée au pôle positif de la dynamo ; on peint immédiatement en rouge écarlate l'extrémité correspondante du câble, afin d'éviter toute confusion ultérieure. L'essai terminé, et la machine arrêtée, le câble peint en rouge est relié à l'extrémité positive de la batterie, et l'autre câble à l'extrémité négative ; ces joints peuvent être soudés ou faits simplement au moyen de vis de serrage convenablement choisies. Comme il est très important de procéder à la charge dès que les vases sont remplis, et de faire passer le courant jusqu'à ce que le liquide se mette à mousser fortement, ou à bouillir, comme on dit, il vaut mieux ne remplir les piles que lorsque tout est prêt. Le degré d'acidité de la solution varie suivant que la formation est poussée plus ou moins loin, et meilleure est la formation, plus cela est avantageux dans la suite, car autrement il faut charger les piles pendant longtemps avant qu'elles commencent réellement à emmagasiner de l'électricité.

Les opinions diffèrent sur le degré d'acidité de la solution le plus convenable. Une solution trop faible ou trop forte amène la destruction des plaques dans les accumulateurs E. P. S. L'électrolyte est un mélange d'acide sulfurique et d'eau, de poids spécifique égal à 1,170 ; quand les éléments sont chargés, le poids spécifique monte jusqu'à 1,200 ou 1,210. Dans les accumulateurs E. P., l'électrolyte a, avant la charge, un poids spécifique de 1,130, s'élevant à 1,180 ou 1,190 après la charge. Ce qu'il y a de mieux, c'est d'acheter la solution toute préparée. On verse le liquide dans les vases, de façon à recouvrir entièrement les plaques, et à ne laisser que 12 millimètres environ de libre entre le niveau de l'électrolyte et le bord du vase. Après le remplissage, le poids spécifique du liquide diminue considérablement, pour augmenter de nouveau avec la charge. Une bonne précaution consiste à placer un pèse-acide dans chaque pile ; on peut ainsi se rendre compte du poids spécifique de l'électrolyte de chaque pile, et noter les variations de ces éléments d'heure en heure pendant la charge. On recouvre chaque pile de plaques de verre bombé, le côté convexe de ces plaques faisant face au liquide. De cette façon, toutes les gouttelettes projetées en dehors du vase se déposent sur le verre dont la forme particulière les fait retomber dans la pile ; le niveau du liquide reste ainsi sensiblement constant, et la pièce ne s'emplit pas de fumées acides.

Dans tout local destiné à remiser des accumulateurs, il faut prévoir un évier et une fontaine.

Toutes les opérations qui précèdent effectuées, la batterie est prête à être chargée et l'on doit sans tarder commencer la charge.

Avant de passer au chapitre suivant, nous pensons qu'il ne sera pas sans intérêt de décrire l'installation des accumulateurs de Broomhill, qui est une installation modèle. Il y a aujourd'hui plus d'un an que cette installation a été terminée et les résultats pratiques sont venus amplement confirmer les espérances qu'on était en droit de concevoir. La figure placée en tête du présent ouvrage est une vue générale du local que nous allons décrire.

La pièce où sont placés les accumulateurs, mesure $8^m,50$ de longueur environ, $3^m,50$ de largeur et $4^m,50$ de hauteur. Le toit est plat avec un dôme de $1^m,25$ de diamètre en son centre.

Grâce à ce dispositif, les rayons du soleil ne viennent jamais frapper directement les vases de verre, cause fréquente de rupture. Au midi, le mur est percé d'une grande fenêtre dont le châssis vitré se meut dans des coulisses verticales ; cette baie sert à aérer la pièce ; un massif de verdure planté devant la fenêtre fait d'ailleurs écran pour les rayons du soleil. Des ventilateurs sont aménagés dans les côtés du plafond ; à l'extrémité nord du local, deux portes orientées l'une vers l'est, l'autre vers l'ouest, permettent de renouveler rapidement l'air de la pièce ; enfin dans le mur faisant face au nord est percée une porte qui conduit à la salle des machines. Les rayons courent dans la pièce du nord au midi, laissant entre eux et le mur le plus voisin, un espace libre de plus de $0^m,60$, ce qui est largement suffisant pour permettre à un homme de circuler et de se mouvoir. Les deux rangées de rayons comportent chacune trois étages avec une large allée centrale les séparant. Les rayons ont $0^m,06$ d'épaisseur et $0^m,25$ de largeur environ ; ils reposent sur des traverses vissées et assemblées avec des montants en bois, qui mesurent $0^m,05$ d'épaisseur, $0^m,20$ de largeur et $2^m,50$ environ de hauteur ; il y a de chaque côté de la pièce, six de ces montants. A leur extrémité supérieure, les montants s'assemblent avec des traverses en bois formant pont, par-dessus le couloir laissé libre et pénétrant dans le mur ; ces traverses à leur tour sont fortement assemblées au moyen de boulons avec une poutre scellée dans la maçonnerie et occupant toute la longueur de la pièce, parallèlement à la direction des rayons : de cette façon, il est impossible que les châssis en bois ne tombent soit d'un côté, soit de l'autre. Par leur extrémité inférieure, les montants reposent sur un carrelage en briques réfractaires, établi lui-même sur une couche de béton. Les rayons sont plus larges que les montants et portent à leurs extrémités des mortaises dans lesquelles viennent s'emboîter les montants ; de cette façon, les rayons, une fois posés sur les traverses qui les supportent, ne peuvent être déplacés, bien qu'il n'y ait assemblage rigide. L'écartement entre les rayons est égal à la hauteur des piles, plus un espace libre de $0^m,30$ à $0^m,35$ suffisant pour pouvoir inspecter les éléments d'en haut. Sur la tranche des rayons sont clouées des plaques en zinc, portant en noir, sur

fond blanc, les numéros d'ordre des différentes piles. Le sol
est légèrement incliné et comme il est d'ailleurs couvert de
briques à facettes, on peut le laver à grande eau sans craindre
l'humidité sous les pieds ; à l'une des extrémités de la
pièce, se trouve une rigole pour l'écoulement des eaux.
Dans la pièce se trouve également un évier et un robinet
d'eau ainsi qu'un petit emplacement (un carré de $0^m,75$ de
côté), réservé à une bombonne d'acide et aux outils dont on
peut avoir besoin.

Les murs sont bâtis au ciment, le plafond garni d'un
revêtement en planches et enfin toutes les boiseries couvertes d'une couche de peinture à la colle et de deux couches
de vernis. Deux lampes de cinquante bougies placées au
plafond, éclairent la pièce ; les commutateurs de ces lampes
sont fixés au chambranle de la porte d'entrée ; il existe
encore un fort brûleur à gaz dont on peut avoir besoin ; un
chalumeau à gaz pour la soudure, et enfin un petit four
portatif pour la fusion du plomb. Ce dernier appareil a été
combiné par M. Stephen Holman de la maison Tangye.
Toutes les fenêtres et toutes les baies sont pourvues de bar-
reaux de fer qui mettent le local à l'abri des intrusions
malveillantes. La disposition des rayons est telle qu'à une
hauteur de $2^m,50$ environ, au-dessus des planches, l'espace
est entièrement libre. Ceci a permis de placer dans le haut
de la pièce un chariot roulant qui se déplace parallèlement
à la ligne nord-sud sur des rails supportés par des char-
pentes, lesquelles sont elles-mêmes fixées aux traverses
reliant les poteaux montants des rayons aux murs latéraux.

Le chariot roulant porte une plate-forme équilibrée au
moyen d'un contrepoids mobile ; grâce à ce dispositif, les
piles peuvent être manœuvrées avec la plus grande facilité,
sans que le point de suspension se trouve sur la verticale
passant par le centre de la pile. Tout le système du chariot
roulant et des chaînes mouflées a été construit par MM. Tan-

gye ; le plan de la plate-forme même a été fait à Broomhill. On peut dire que la disposition adoptée est très heureuse puisqu'il suffit d'un homme pour déplacer une pile pleine de liquide et l'élever en quelques instants à n'importe quelle hauteur. On a cependant reconnu qu'il était préférable, au point de vue de la rapidité du travail, d'employer deux hommes : l'un surveille l'élément et l'autre manœuvre le chariot et les chaînes de levage.

Chaque groupe de rayons contient 54 piles de 23 plaques, ce qui fait 108 piles en tout ; 54 piles E.-P.-S. et 54 piles E.-P. De quatre en quatre éléments vient se placer un des poteaux montants et pour éviter toute tendance au gauchissement des rayons, on dispose encore des étais au milieu de chacun de ces groupes de quatre éléments. Le dernier rayon du bas est à $0^m,15$ au-dessus du sol ; à l'extrémité sud de la pièce, les rayons se recourbent à angle droit avec une solution de continuité d'un rayon à l'autre, assez grande pour laisser passer le châssis vitré ; sur chaque rayon, on a une place suffisante pour placer un élément, soit qu'il faille ajouter quelques piles nouvelles, soit qu'il s'agisse d'essais. Toutes les piles reposent sur des isolateurs Elwell-Parker et sont reliées les unes aux autres au moyen de pièces d'accouplement en fonte et en bronze ; chacune de ces pièces est construite de telle façon que l'on peut y venir attacher instantanément un câble, ce qui est d'une extrême commodité, tant au point de vue des nécessités du service courant, qu'au point de vue des essais à faire.

Le dessin qui figure en tête de ce livre, montre tous les détails de l'installation que nous venons de décrire ; une pile placée sur le plateau du chariot roulant indique la manière dont fonctionne l'appareil de levage.

Six hommes peuvent en dix heures déballer, monter et commencer à charger 108 piles, je ne pense pas que jamais il ait été fait mention d'un travail aussi rapide.

CHAPITRE III

La charge.

La première charge diffère à certains égards de la charge
de service courant. Il faut faire passer un courant continu,
pendant trente heures, sans arrêt, si c'est possible, ou au
moins dix heures par jour pendant trois jours pour les
piles de modèle ordinaire, et c'est alors seulement que le
liquide commence à bouillir avec un aspect laiteux dû à la
grande quantité de bulles gazeuses qui se dégagent, et que
son poids spécifique, que l'on lit au pèse-acide, s'élève
jusqu'à 1,200 environ. Ici le mot *bouillir* n'implique
aucune idée d'élévation de température. On devra continuer
de charger les piles jusqu'à ce que, dans toutes, l'ébullition
présente la même apparence. L'intensité du courant devra
continuellement être aussi élevée que possible, sans toutefois
dépasser une limite supérieure. On éprouve presque toujours, pendant quelques semaines, de la difficulté à amener
toutes les piles au même état, et une longue charge peut
seule conduire à ce résultat. Une surcharge ne présente
aucun inconvénient, à moins toutefois que le courant ne
soit trop fort. Lorsque, dans le nombre, on remarque qu'une
pile se refuse à bouillir, ce qu'il y a de mieux à faire, c'est
de la retirer du circuit pendant le temps de la décharge
et de la remettre en circuit quand on recommence à charger
Si cela ne suffit pas, il faut examiner les plaques. La F.
E. M. de chaque élément doit être mesurée isolément; il
ne faut pas que cette F. E. M. soit inférieure à 2 volts; si
elle est moindre que 1,9 volt, c'est que l'élément a été

déchargé autant qu'il peut l'être sans inconvénient. Lorsque la pile est à peu près complètement chargée, on trouve 2,1 à 2,2 volts. A la fin de la charge, et pour une courte période de dix à quinze minutes, chaque élément donne jusqu'à 2,3 et 2,5 volt, puis la F. E. M. tombe à peu près à sa valeur normale et après une faible décharge, la F. E. M. moyenne par pile est sensiblement égale à 2 volts. Ces essais doivent être faits en circuit ouvert, c'est-à-dire en dehors des périodes de charge et de décharge.

Nous indiquerons deux procédés commodes pour déterminer la F. E. M. des piles prises isolément, procédés qui sont tous deux employés par la Société E. P. S. Dans le premier procédé, on fait usage d'une lampe à incandescence de 2 volts montée sur un socle en ébonite dont l'extrémité inférieure porte une pointe en laiton, reliée électriquement à l'un des bouts du filament. L'autre bout du filament communique avec une borne d'où part un fil de cuivre qui aboutit à une sorte de chapeau en laiton également muni d'une pointe et servant à protéger la lampe lorsqu'on ne s'en sert pas. Pour faire un essai, on place la pointe fixée au socle en ébonite sur l'une des bornes de la pile, la pointe qui termine la capsule en laiton sur l'autre borne : la pile est alors fermée en court circuit sur la lampe et l'éclat de celle-ci permet de se rendre approximativement compte de l'état de la pile. Le second procédé est plus scientifique et consiste à faire usage d'un petit voltmètre très portatif et bien protégé (voir fig. 5); ce voltmètre est apériodique. L'aiguille indique, par des déplacements relativement considérables, les variations entre 2 et 2,5 volts. De la boîte où se trouve enfermé l'appareil, partent deux fils de cuivre bien isolés l'un de l'autre et reliés chacun à un tube de laiton ; ces deux tubes de laiton, dont la surface intérieure est striée, sont fixés tous deux sur un cylindre en bois. Pour se servir de l'appareil, il suffit de poser, d'une main, le cylindre en

bois sur la pile et de tenir, de l'autre main, la boîte; la longueur du cylindre est, en effet, telle qu'il est facile de faire
reposer chacun des tubes en laiton sur l'une des lames de
plomb qui représentent les bornes de la pile. Quand le
contact entre ces lames de plomb et les tubes en laiton est
mauvais, on n'a qu'à frotter un peu les lames de plomb;
les tubes en laiton, grâce aux stries dont ils sont munis,
font office de lime et, nettoyant les surfaces sur lesquelles
ils reposent, établissent un bon contact.

Fig. 5.

Les accumulateurs E. P. S. et les accumulateurs E. P.
ayant les mêmes dimensions et présentant d'une façon générale des propriétés semblables, comme aussi sans doute les
plaques en lithanode, on peut admettre que les mêmes den-
sités de courant conviennent pour la charge de tous les
accumulateurs à plaques alvéolées. On fait les plaques de
plusieurs grandeurs, mais, pour les installations d'éclairage
électrique à demeure, les plaques les plus employées sont

celles que la Société E. P. S. désigne par la marque L. La Société E. P. fabrique également des plaques de cette même taille. Le nombre de plaques par accumulateur est de 15, 23 ou 31. Les éléments à 31 plaques ne sont pas d'un usage très répandu à cause de leur poids élevé. Il n'y a d'ailleurs aucune exagération à affirmer que les piles E. P. S. et E. P. à 15 et à 23 plaques sont universellement employées dans les installations fixes. La densité de courant la plus convenable pour la charge est de 57 ampères par mètre carré de plaques positives. Pour une pile formée de 15 plaques et renfermant, par conséquent, 7 plaques positives, l'intensité du courant de charge ne doit pas dépasser 20 à 22 ampères ; pour les piles qui ont 23 plaques, soit 11 plaques positives, le maximum du courant de charge est de 33 ampères. On peut dire que, pour les plaques du type L l'intensité du courant de charge est de 3 ampères par plaque positive. Si l'on fait passer à travers l'élément un courant beaucoup plus fort, le liquide se met à bouillir, comme si la pile était complètement chargée ; la surface des plaques est, dans ce cas, trop petite pour l'intensité du courant de charge, et l'excès de ce courant décompose simplement l'eau de l'électrolyte, créant ainsi un dégagement gazeux et produisant un développement de chaleur au sein du liquide. En même temps qu'il y a perte d'énergie, il y a aussi détérioration des plaques.

L'expérience montre qu'une intensité convenable est obtenue lorsque la F. E. M. du courant de charge est de 10 0/0 environ supérieure à celle des accumulateurs. Cette règle ne s'applique pas toutefois au commencement de la charge et à une courte période qui précède le moment où l'électrolyte se met à bouillir. La F. E. M. doit être relativement plus faible à l'origine et plus forte à la fin de l'opération, si l'on veut que l'intensité du courant soit constante, car la F. E. M. des piles est elle-même plus faible à l'origine et plus forte à la fin. Si l'on ne prend pas de précautions spéciales pour maintenir constante l'intensité du courant, on reconnaît qu'une intensité, normale au début de la charge, décroît de plus en plus à mesure que l'opération avance ; il en résulte que le temps nécessaire pour charger les piles est beaucoup plus long que si l'on s'arrange de façon à avoir une intensité constante. Lorsque le courant est beaucoup trop faible, dix fois plus faible que ce qu'il doit être, par exemple, les piles ne se chargent pas, quelque long temps que dure l'opération, à moins que l'isolation ne soit exceptionnellement bonne, ce qui est bien rarement le cas. Nous venons de considérer le côté pratique de la question : au point de vue théorique, la charge a pour effet de transformer le $PbSO_4$ des plaques positives en PbO_2, transformation qui s'effectue comme suit : SO_4 se substitue dans l'électrolyte à O, par suite de la décomposition de l'eau (H_2O), met en liberté H_2 qui se combine à SO_4 pour former H_2SO_4 ; comme réaction suivante, un autre atome de O se combine avec PbO pour former PbO_2, et la décomposition de H_2O met encore en liberté H_2 qui se combine avec le PbO des plaques négatives pour former $Pb + H_2O$. Les réactions chimiques peuvent être ainsi représentées :

Plaques positives.	Électrolyte.	Plaques négatives.
N° 1 $PbSO_4$	$H_2SO_4 + H_2O$	PbO
N° 2 PbO	$H_2SO_4 + H_2O$	PbO
N° 3 PbO_2	$H_2SO_4 + A_2O$	Pb

On part du n° 1. Dans le n° 2, l'électrolyte a perdu une molécule d'eau et s'est enrichi d'une molécule de H_2So_4 ; l'acidité de la solution augmente à ce moment et ne se modifie pas pendant la troisième réaction. Ainsi s'explique le fait de l'accroissement du poids spécifique de l'électrolyte avec la charge. Il y a lieu de remarquer également que l'acide H_2S_4O mis à l'origine dans la pile ne semble pas avoir d'autre action que de rendre l'eau très conductrice ; cependant si l'on n'avait pas soin d'y ajouter de l'acide sulfurique dès le début, les réactions chimiques ne seraient pas tout à fait les mêmes, et les plaques ne tarderaient pas à s'abîmer en vertu de réactions secondaires en même temps qu'elles donneraient une F. E. M. plus faible.

Les réactions chimiques sont probablement beaucoup plus complexes que celles que nous venons d'indiquer ; cependant les formules qui précèdent sont d'une façon générale et schématique pour ainsi dire, exactes.

Il se produit certainement encore une autre réaction, puisqu'il y a dégagement de gaz pendant toute la durée de la charge sur les plaques positives, seules d'abord, puis sur les plaques négatives aussi. Ceci prouve qu'il y a décomposition de l'eau ; l'oxygène provenant de cette décomposition ne se combine pas avec la pâte des plaques positives, tandis que l'hydrogène est absorbé par les plaques négatives ou se combine chimiquement avec elles et cela jusqu'à la fin de la charge ; à ce moment, les plaques négatives sont saturées de gaz et l'hydrogène se dégage de ces plaques.

La perte d'énergie dans les accumulateurs est beaucoup plus grande qu'on ne le croit généralement ; je sais bien que plus d'un praticien éminent a obtenu des rendements très élevés dans des essais de laboratoire, mais ces essais n'ont aucune valeur pratique, et il ne faut pas compter sur un rendement suivi, supérieur à 65 ou à 70 0/0. Ces chiffres ont été obtenus avec des accumulateurs mis en service pendant une période de temps assez longue.

Il y a une première perte inévitable de 10 0/0 environ ; quand on fait passer le courant à travers la batterie puis, encore une perte d'énergie pour faire sortir le courant de la pile, si je puis m'exprimer ainsi. Il y a aussi des pertes occasionnées par les fuites, les actions locales, le mauvais état des éléments et bien d'autres causes dont il n'y a pas lieu de se préoccuper dans les essais de laboratoire.

Si la solution est trop acide (densité supérieure à 1,700), il y a bientôt formation de sulfates nuisibles avec amoindrissement de la capacité, bien que la F. E. M. conserve toujours une valeur élevée. Le niveau du liquide doit être maintenu constant dans les éléments ; quand ce niveau baisse, on commence par ajouter, les deux ou trois premières fois du H_2SO_4 dont le poids spécifique est égal à 1,150 ou 1,170, puis simplement de l'eau, à moins que l'on ne reconnaisse, une fois la charge terminée, que la solution est trop faible et, dans ce cas, on remet de l'eau additionnée d'acide.

Lorsque les éléments sont entièrement chargés, on trouve qu'une faible fraction du $PbSO_4$ a été convertie en PbO_2. Il est difficile de dire si ce résultat provient de ce que la première couche forme carapace ou de toute autre cause. M. Swinburne écrivait à la date du 10 juillet 1885, dans le journal *The Electrician* « Lorsqu'il y a quelques années, je me suis occupé d'essais avec des piles secondaires, je n'ai jamais constaté une usure de la couche extérieure qui dépassât 6 ou 7 0/0 même dans le cas où l'élément était complètement épuisé. Le foisonnement du peroxyde de plomb se transformant en sulfate de plomb, empêche peutêtre l'action chimique de se propager plus loin ».

M. Gladstone et M. Tribe ont trouvé dans leurs expériences que les $\frac{32}{100}$ de la perte devaient porter sur la matière active.

Il faut certainement s'attendre à des perfectionnements qui augmenteront de beaucoup le rendement des éléments. Il semble que l'introduction des plaques en lithane soit un pas fait en avant dans cette voie. Les tableaux suivants, empruntés à la communication faite par M. Desmond Fitz-Gérald à la *Society of Telegraph Engineers and Electrician*, à la date du 10 mars 1877, présentent un certain intérêt.

3

TABLEAU I

CAPACITÉ DE QUELQUES ÉLÉMENTS SECONDAIRES

Noms des éléments.	Par livre de Pb		Par kilog. de Pb		Sources
	Pied-livres.	Watt-heures.	Kilogram-mètres.	Watt-heures.	
Planté...............	12,000	4,52	3.664	10	
Faure...............	18,000	6,78	5,495	15	
Electric Power St. Plaques L	48,000 ?	18,09 ?	14,600 ?	39,8 ?	Howard.
» » R	36,080	13,6	11,010	—	? Hospita-lier.
» » S élément de 22 liv.	31,800	12	9.540	26	Fitz-Gérald.
Elwell-Parker (ancien modèle)....	6,633	2,5	2,048	5,5	Prospectus.
Eléments de lithane (ancien modèle).	39,798	15	12,460	33	Fitz-Gérald.
Eléments de lithane " Union "........	47,170	17,8	14,671	39,16	G. Forbes.

TABLEAU II.

POIDS DE MATIÈRE PAR CHEVAL-HEURE POUR QUELQUES ÉLÉMENTS SECONDAIRES

Noms des batteries.	Éléments isolés		Pile complète		Sources.
	livres.	kilog.	livres.	kilog.	
Plantè	...	...	396	180	Reynier.
Faure .... {	...	...	88	40	Faure.
	...	...	165	75	Sir W. Thomson
« ancien modèle..	...	...	198	90	Reynier.
« nouveau modèle	...	...	134	61	
Electric Power Stor. } plaques L. }	...	...	133	60,4	Prospectus.
	...	...	110	50	Reckeusaun.
» plaques S.	66	30	135	61,3	Fitz-Gérald.
Reynier { zinc positif. {	50,6	23	117,5	53,4	R. Tamine.
{ mod. Plantè {	10,5	47,6	...	...	Id.
Éléments de lithane ancien modèle....	42	19,1	76	34,5	Fitz-Gérald.
Éléments de lithane nouveau modèle..	42	19	70	31,5	F. Forbes.

M. Fitz-Gérald met en doute l'exactitude des résultats de M. Howard, soit qu'il y ait, suivant lui, erreur matèrielle, soit que la méthode n'ait pas été rigoureuse.

Nous avons vu que, au fur et à mesure que la charge avance, la solution acide devient plus dense et que en même temps la force électromotrice augmente.

Examinons ce point plus en détail.

L'eau est très peu conductrice, l'acide est au contraire très bon conducteur, par conséquent, plus la solution est étendue, plus la conductibilité est faible. Kohlrauch donne le tableau des conductibilités spécifiques d'un électrolyte formé par un mélange d'eau et d'acide sulfurique.

p. s. à 18° C.		Conductibilité à 18° c.		Quantité d'acide dissous.
1,1036		5084		15 °/₀
1,1414	↓	6108	↓	20 °/₀
1,1807		6710		25 °/₀

Le sens des flèches indique l'augmentation de la conductibilité.

On voit que, puisque la solution est versée dans les éléments à 1,130 ou 1,170, le mélange est approximativement une solution à 20 0/0 d'acide contenant par suite une partie d'acide sulfurique pour 4 parties d'eau. D'autre part, puisque le p. s. à la fin de la charge s'élève à 1,1800 ou 1,200, la proportion d'acide atteint 25 0/0 et la conductibilité de la solution augmente de 10 0/0.

Il faut apporter le plus grand soin dans l'opération du mélange. On doit employer un grand réservoir, de préférence en plomb avec joints bridés, et y verser l'acide lentement, avec précaution, car, sous l'effet d'une brusque élévation de température du mélange, les éclaboussures seraient très dangereuses et pourraient aveugler l'opérateur. A aucun prix, il ne faut verser l'eau dans l'acide, mais, en général, il vaut mieux se procurer la solution toute faite.

La résistance d'un élément après la charge est environ moitié de celle de l'élément déchargé. Ceci provient d'abord de la différence de conductibilité de l'électrolyte, comme nous l'avons expliqué, et, en second lieu, de ce que la modification de la surface des plaques pendant la charge les rend meilleures conductrices. En outre, le sulfate de plomb est mauvais conducteur, et quand il se forme des sulfates d'un ordre plus élevé, ce qui arrive souvent pendant la décharge, il se forme une sorte d'émail bien mauvais conducteur, qui diminue la surface active des plaques, et qu'il est très difficile de réduire.

Le fait que la résistance des éléments diminue pendant la charge, constitue en réalité un avantage. En effet, s'il n'en était pas ainsi, le courant de charge de la dynamo, ayant une force électromotrice constante, diminuerait très rapidement vers la fin de la charge. La constance n'est pas, il est vrai, absolue ; mais la diminution est très faible, quoique la force contre-électromotrice augmente presque de 15 0/0. L'exemple suivant va montrer la nécessité absolue où l'on est d'établir toujours la communication par des fils courts, très peu résistants, avec de très bons contacts.

Supposons, en effet, une batterie de 50 éléments, chargés par un courant normal de 30 ampères et de 110 volts. La force contre-électromotrice des éléments étant de 100 volts, la différence de potentiel déterminant vraiment le passage du courant dans les accumulateurs sera de 10 volts ; la résistance totale des éléments et des communications n'étant que de 1/3 d'ohm. Naturellement, cette résistance est sensiblement augmentée si les contacts sont mauvais et si les éléments ne sont pas placés très près les uns des autres.

Il est, en outre, évident que l'augmentation de la force électromotrice des éléments pendant la charge réduit considérablement la différence de potentiel, malgré la diminution de résistance de la batterie.

Nous exposerons plus loin les moyens employés pour le réglage des courants de charge.

Reste la question de l'ébullition à expliquer. Il est évident qu'au fur et à mesure que la surface des plaques positives est transformée en peroxyde de plomb, la matière sur laquelle agit le courant va sans cesse diminuant, et que, par suite, le courant, augmentant d'intensité, finit par décomposer l'eau de l'électrolyte et échauffer notablement ce dernier. Ce n'est cependant pas une raison suffisante pour qu'en pratique on prenne le soin de réduire graduellement l'intensité du courant de charge ; mais les expériences ont partout prouvé qu'on éviterait sûrement toute ébullition par ce procédé.

On pourrait, en effet, fournir une charge indéfinie, en durée, mais non pas en quantité, si le courant était constamment réduit en proportion de la surface active des plaques positives, puisque la limite est infinie. De fait, l'ébullition ne présente guère d'inconvénient, si le mouvement du liquide ainsi produit ne détache des plaques une grande partie de la pâte.

Quand on épuise trop les éléments par des surcharges prolongées et fréquentes, on donne naissance à des sulfates d'un ordre plus élevé, qu'il est extrêmement difficile de réduire. S'il en reste la moindre trace, il s'en forme d'autres immédiatement, et, dès qu'ils prennent naissance, il faut avoir recours à des surcharges qui les font se détacher, en même temps qu'il se forme au-dessous, sur les plaques, un oxyde auquel ils n'adhèrent pas.

Si on arrête la charge pendant une demi-heure ou plus, quand des éléments sont en ébullition, pour les reprendre et arrêter encore, l'ébullition ne se manifeste pas pendant un certain temps, et on peut user de ce procédé. En effet, quand l'ébullition a lieu, on a une véritable pile à gaz, les plaques positives et négatives étant couvertes d'une couche de gaz qui se dégage ou s'absorbe dès qu'on cesse la charge, pour permettre de recommencer.

Si le courant de charge est d'une intensité trop élevée pour la surface des plaques, il se forme facilement sur celles-ci des sortes de bosses, avec une rapidité d'autant plus grande que les plaques positives contiennent plus de sulfate nuisible. Il se produit bientôt alors un court circuit provoqué par les plaques qui viennent à se toucher dans l'intérieur de la masse liquide. Ces bosses proviennent d'un foisonnement inégal des plaques, et, malgré tous les soins, elles peuvent se produire, si on ne donne pas à celles-ci la forme convenable. La pâte se dilate pendant la décharge, et *vice versa* ; aussi est il absolument nécessaire que ces extensions et ces contractions soient absolument symétriques sur toute la surface. Au bout d'un certain temps, ces changements continus finissent par détacher la pâte de ses supports ; mais il est facile de la renouveler si les grillages ne sont pas endommagés.

Avec un traitement judicieux, ce remplacement ne devient nécessaire qu'après plusieurs années, et encore pour les plaques positives seulement.

Quant aux plaques négatives, nous verrons plus loin les ennuis particuliers qu'elles provoquent, et nous verrons également, dans le chapitre qui suit, qu'il y a d'autres causes, que celles que nous avons dites, à la production des boursouflures.

D'après ce qui précède, on pourrait supposer que les plaques positives devraient se déformer quand l'ébullition commence, parce que le courant est, à ce moment, trop intense pour le travail à effectuer sur les plaques. Ce serait cependant une erreur, car alors que la surface des plaques est sensiblement diminuée, il n'en reste pas moins une très grande surface sur laquelle le courant peut agir ; mais, au lieu de provoquer la formation du bioxyde de plomb, il décompose l'eau de l'électrolyte. Il est encore souvent nécessaire d'employer des charges prolongées pour enlever le sulfate blanc qui aurait pu se former. Dans ce cas, le courant doit être réduit aux deux tiers ou à la moitié du maximum pour empêcher la pâte de se détacher en trop grande quantité.

De temps en temps, il est nécessaire d'ajouter de l'eau aux éléments pour que les plaques soient toujours recouvertes. Nous avons déjà expliqué que, pour les deux ou trois premières fois, il faut ajouter une solution acide d'une densité de 1,130 à 1,150 ; mais si, à un moment quelconque, la densité de l'électrolyte tombe au-dessous de la valeur normale, il faut de nouveau ajouter une nouvelle quantité de la solution acide pour revenir à la densité voulue. Il est donc très utile de placer un pèse-acide dans chaque élément, non seulement pour observer le poids spécifique du liquide, mais encore pour arriver à une estimation approximative de la charge. Par exemple si, dans un élément, le pèse acide ne monte pas, on peut être sûr qu'il y a là un défaut quelconque, notamment un contact entre deux plaques. D'autre part, si l'appareil monte plus lentement dans un élément que dans les autres, il est probable que, dans cet élément, deux ou plusieurs morceaux de pâte se sont collés entre deux plaques ou davantage. Enfin, il est extrêmement important de maintenir, au début, le courant de charge au-dessous du maximum permis, et cela par les moyens que nous décrirons ultérieurement.

Les plaques des éléments, quelle que soit leur nature, doivent être disposées de manière que la résistance de l'une soit, en tous les points, égale à celle de la plaque voisine ; car, dans le cas contraire, il y aurait des déformations. En outre, elles doivent être placées de telle sorte qu'elles puissent être changées de place.

Il n'y a pas de meilleur signe que la couleur des plaques pour faire connaître l'état des éléments. Au début, les plaques négatives sont d'un gris jaunâtre, et les positives d'un brun foncé parsemé de taches blanchâtres. Si la première charge est assez prolongée, cette matière blanchâtre, qui est un dépôt nuisible de sulfate, disparaît complètement, et, à partir de ce moment, la couleur des plaques devient une indication certaine.

Les plaques positives doivent être d'un rouge foncé, couleur chocolat ou jaune ; mais quand la charge est complète, elles prennent l'aspect de l'ardoise mouillée pour reprendre leur première couleur après une courte décharge. Si celle-ci est trop forte, les taches blanches apparaissent de nouveau. Quant aux plaques négatives, elles prennent bientôt la couleur de l'ardoise, un peu plus foncée pendant la charge, mais restant toujours plus claires que les positives. En outre, les bords supérieurs de ces dernières plaques sont généralement d'une couleur grise ; mais ce fait est sans importance quand cette coloration n'a qu'une très faible étendue.

Avant d'aborder le chapitre relatif à la décharge, disons quelques mots des plaques sans pâte.

Ainsi que nous l'avons déjà dit, ces plaques doivent être renversées de temps en temps, mais avec un soin tout particulier. Notamment, il faut qu'au commencement le courant de charge soit très faible ; on l'augmente peu à peu pendant l'opération, et, si l'on néglige ces précautions, les plaques s'écaillent et les court-circuits se produisent fatalement. Jusqu'ici ces plaques n'ont pas eu beaucoup de succès, à cause même de ces renversements qui sont toujours très délicats et qui doivent être répétés plusieurs fois. Malgré les pertes inhérentes à tout accumulateur, les plaques sans pâte présentent néanmoins une économie dans les installations particulières. On n'a pas besoin de mettre en marche la dynamo pour un petit nombre de lampes. D'autre part, on a toujours la lumière à sa disposition, jour et nuit, et la certitude de n'avoir pas d'extinction à redouter est un grand avantage pour le consommateur. Enfin, on a toujours une certaine quantité de lumière en réserve, pour assurer le service pendant le nettoyage et les réparations de la machine.

Comme renseignement, on peut compter que les heures d'éclairage, de six heures du matin au lever du soleil, et du coucher du soleil jusqu'à onze heures du soir, donnent, pour toute l'année, un total de 2,075 heures, soit 2,000 en chiffres ronds. Cette donnée peut servir de base pour le calcul de la durée de l'éclairage, lorsqu'il ne s'agit que d'un nombre de lampes très restreint.

CHAPITRE IV

La décharge.

Avec des plaques garnies de pâte, la décharge ne doit pas dépasser 4 ampères par plaque positive dans un élément du type L de l'*Electrical Power storage and C°*, ce qui équivaut à 6,1 ampères par $0^m,30$ carré de plaques positives. Par exemple, le courant de décharge d'un élément de l'*Electrical P. S. C°* à 15 plaques ne doit jamais dépasser 28 ampères ; 44 ampères est le maximum pour un élément à 23 plaques et 60 ampères pour un élément à 31 plaques. Dans tous les cas, le courant de décharge peut donc être plus élevé que le courant de charge, ce qui est avantageux. On trouve en outre que plus la décharge est grande, plus la résistance intérieure diminue, de façon que l'accumulateur en quelque sorte se règle lui-même.

Le courant partant d'un point du circuit général pour y revenir, perd graduellement, chemin faisant, sa force électromotrice ; par suite, le potentiel est différent en chaque point du circuit et la chute en chacun de ces points est proportionnelle au travail fourni. Si maintenant la force électromotrice d'un élément est de 2 volts, celle de deux éléments est de 4 volts, etc., etc. ; mais il est évident que la force électromotrice totale ne sera disponible qu'aux deux extrémités de la batterie. Quand il s'agit d'essayer un ou deux éléments seulement, les instruments qui permettent de mesurer de faibles forces électromotrices : les *voltmètres*, comme on les appelle, sont parfaitement suffisants, mais ils seraient fatalement détruits si l'on voulait en faire usage pour des tensions très élevées. D'autre part, un appa-

reil construit pour ces dernières mesures ne conviendrait
pas pour des faibles forces électromotrices, à moins que,
par une construction spéciale il ne soit en réalité composé
de deux volt-mètres distincts. L'état de chaque élément
est donc indiqué par un volt-mètre. Si, dans l'un d'eux, la
valeur du potentiel est inférieure à 1 volt 9, il faut en conclure que cet élément a besoin d'être rechargé, et si les
autres ne sont pas dans le même état, il faut le mettre hors
du circuit pendant la décharge pour l'intercaler à nouveau
au moment de la charge. Pour cette opération, il n'est pas
nécessaire de déplacer les éléments : on se borne à changer
les communications. Pour un fonctionnement régulier, les
éléments doivent toujours contenir 25 0/0 de la charge
totale qu'ils sont capables d'absorber, et si la force électromotrice tombe au-dessous d'une moyenne de 2 volts
par élément, il faut recharger la batterie entière. Lorsque
les plaques sont à peu près déchargées, c'est-à-dire au-dessous
de la limite convenable, la pâte des plaques positives est
presque entièrement transformée en sulfate de plomb.
Celui-ci se décompose bientôt en sulfates d'ordre plus élevé
qui abîment les plaques et qui produisent sa déformation
pendant la charge; aussi est-il très important de garder une
charge résiduelle, capable de donner 2 volts par élément.
En effet, si les éléments ont été complètement chargés, ils
peuvent être épuisés jusqu'à la limite permise en donnant
pratiquement 2 volts par élément pendant toute la décharge.
Il se produit ensuite une chute très rapide, ramenant
bientôt le potentiel à zéro. Une décharge trop rapide peut
déformer les plaques, et même des décharges trop brusques
peuvent faire sortir la pâte des cellules. Pour cette raison,
il faut mettre les moteurs en marche à travers des jeux
variables de résistances, de même qu'il faut éviter d'allumer
simultanément un grand nombre de lampes. Les grandes
décharges brusques provoquent toujours d'abondants déga-

gements de gaz qui abiment les plaques. Une décharge atteignant 30 0/0 du maximum constitue déjà ce que nous appelons une grande décharge brusque. Quand, dans une batterie un élément est mort, c'est-à-dire qu'après un excès de travail, il ne donne plus trace de courant, il faut immédiatement le mettre hors circuit, car sans cela le courant des autres éléments, en le traversant, le chargerait en sens inverse, transformant les plaques positives en négatives et *vice versa*. Un pareil élément serait détruit, car l'action contraire venant à se produire pendant la charge, les plaques finiraient par se sulfater, se déformer, et perdre toute leur pâte. Un élément de ce genre donnerait naissance à une force contre-électromotrice de 2 volts, de sorte que la perte totale serait celle-là même que l'on aurait en supprimant du circuit deux éléments en parfait état. Toutefois, si la mort de cet élément ne provenait que du contact de deux plaques ou d'un court circuit quelconque, la perte totale ne serait que celle de l'élément lui-même, puisque, dans ce cas, il n'y aurait pas de force contre électromotrice.

Pour nous faire une idée générale des quantités pratiques d'emmagasinage des éléments, prenons l'exemple d'un élément à 15 plaques de l'*Electrical P. S. C°*. qui est de 300 ampère-heures, et puisque la décharge maxima est de 28 ou 30 ampères, il pourra durer 10 heures et avoir encore la charge résiduelle suffisante. Naturellement si l'intensité de décharge est moindre, la durée pourra être plus grande.

Il n'y a aucune considération à développer sur la décharge des éléments sans pâte. Elle n'est limitée que lorsque la force électromotrice tombe considérablement avec une augmentation de courant, et nous pouvons à présent nous occuper des accidents qui peuvent survenir aux accumulateurs, et chercher leurs causes en même temps que les remèdes à y apporter.

CHAPITRE V

Les accidents : leurs causes et leurs remèdes.

Cette question est probablement celle qui intéresse le plus les personnes ayant chez elles une installation d'accumulateurs. En effet, si les batteries sont mises en place par le constructeur lui-même, si la théorie intéresse peu la majorité des clients, le consommateur a tout intérêt à connaître les accidents qui peuvent survenir pendant la marche, pour pouvoir immédiatement y remédier. Quelle que soit la nature des accumulateurs, les accidents qui peuvent arriver sont de deux sortes principales : déformation des plaques, production des sulfates nuisibles, et, à part quelques exceptions, tous les dérangements qui surviennent ont l'une ou l'autre de ces deux causes. Dans une installation bien faite cependant, la déformation des plaques ne se produit pas. Quand les éléments doivent être laissés au repos pendant une durée de temps assez longue, il est nécessaire de les charger entièrement et de renouveler cette charge environ tous les mois. Avec cette précaution, on empêche les plaques de se sulfater sous l'effet d'une décharge complète que des actions locales peuvent souvent provoquer. Toutefois si la sulfatation venait à se produire, fait dont on serait averti par le changement de couleur des plaques positives passant du brun chocolat au brun grisâtre, il faudrait aussitôt opérer la charge, sous peine de laisser les éléments se détruire en totalité.

La coloration des bords des plaques donne toujours une indication certaine de l'état des surfaces, car dès que la différence de couleur entre les plaques positives et négatives n'apparaît pas bien nette, il convient immédiatement de présider à un minutieux examen. La formation des sulfates nuisibles entraîne toujours la chute de la pâte, des déformations et, par suite, des court-circuits. Dans tous les cas, la cause est d'ailleurs toujours la même ; ou bien la solution acide est trop faible, ou plus généralement la décharge est complète par suite du repos prolongé des éléments avec une charge insuffisante. Un court circuit, en quelque point qu' se produise, comme une mauvaise isolation des éléments, produit le même résultat, en provoquant la décharge sans que le consommateur en soit averti. On peut facilement s'assurer de l'isolation des accumulateurs, en appliquant sur les cloisons le dos de la main humecté par de l'eau acidulée. Si l'isolation est défectueuse, on éprouve une légère piqûre, qui devient douloureuse même pour une différence de potentiel de 100 volts. Au delà de cette limite, cette expérience devient dangereuse. Pour 200 volts, on reçoit un véritable choc, dont la force d'ailleurs varie avec les individus. Certaines personnes supportent facilement 210 volts, tandis que d'autres, surtout celles dont les mains sont humides, ne peuvent dépasser 60 volts.

D'une manière générale, tous les courants qui ont plus de 250 volts, peuvent toujours être considérés comme dangereux, il peut en être de même pour des courants de 60 à 100 volts dans certains cas particuliers. Par exemple, lorsqu'un homme est monté sur une échelle pour changer une lampe, la secousse la plus légère provenant d'un contact quelconque, peut, par surprise, le renverser. Aussi est-il toujours plus prudent de couper le circuit général lorsqu'on a, dans l'installation, une réparation quelconque à faire. Pour revenir aux moyens de combattre la sulfatation, on a pensé réduire les sulfates nuisibles en sulfate de plomb ($PhoSo^4$) par une charge faible, mais prolongée. Cette charge ne doit pas au début dépasser la moitié du maximum, et dans ces conditions, après un temps suffisamment long, tout le Pb^2So^5 se transforme en $PboSo^2$, de manière que les plaques sont finalement chargées, après la transformation dernière du sulfate de plomb en bioxyde.

L'opération est longue et ennuyeuse, c'est vrai, mais il ne faut pas se presser dans la crainte de déformer les plaques positives. Pendant cette charge, la plus grande partie du sulfate blanc tombe en écailles au fond des vases, et s'il en reste pourtant quelques parcelles entre les plaques, il faut les détacher avec une spatule en ébonite, car ce sulfate blanc est très mauvais conducteur, et sa présence a pour effet de diminuer la surface active des plaques.

Au début, comme nous l'avons dit, le courant ne doit pas atteindre son maximum ; mais au fur et à mesure que le sulfate blanc se détache, on peut augmenter son intensité. Lorsque ce sulfate blanc s'est formé en trop grande quantité, il entraîne souvent dans sa chute quelques parties de matière active. C'est là un ennui très sérieux. En effet, la capacité de la batterie est non seulement diminuée par suite du défaut de la matière active, mais encore, ces fragments de pâte, qu'il est très difficile de retirer du fond des vases, y produisent des court circuits entre les plaques. Il est avantageux de gratter le dépôt des plaques positives avec une baguette, on diminue ainsi la résistance intérieure de la batterie, et on facilite en même temps la réduction.

Lorsque l'accident est plus grave, il vaut mieux nettoyer complètement tous les éléments, car lorsqu'il y a eu formation de sulfates nuisibles, la capacité de la batterie est toujours diminuée par suite de la perte de matière active.

Le nettoyage des accumulateurs consiste dans l'enlèvement et la réparation des éléments, ainsi que dans le grattage des dépôts blancs sur les plaques positives. Il n'est pas nécessaire de séparer les plaques de leurs bords de plomb, car, en les rangeant, il reste une place suffisante pour la manipulation. Les petits balais en fils de fer que l'on vend sous le nom de cardes conviennent très bien pour ce grattage. On en coupe un petit morceau de dix centimètres sur quinze, que l'on cloue sur une planchette de 25 millimètres d'épaisseur, et, avec un balai ainsi constitué, on frotte les plaques positives jusqu'à ce qu'elles aient repris leur couleur primitive. On procède ensuite à un lavage avec le liquide électrolytique, et l'emploi de l'eau pure n'empêcherait pas la sulfatation de réapparaître immédiatement.

Les éléments ainsi reconstitués avec une solution nouvelle sont prêts à resservir pour une nouvelle charge. Pour un certain temps même, il n'est pas mauvais de les surcharger un peu. Il va sans dire que dans ce nettoyage, tous les dépôts autres, que le sulfate doivent être soigneusement enlevés. L'acide ayant déjà servi, convient parfaitement pour le lavage, et il est même bon d'y plonger, pendant l'opération, les plaques négatives qui pourraient s'abîmer en restant exposées à l'air. Enfin l'acide qu'on emploie dans les campagnes pour détruire les ronces des chemins peut également servir.

A moins d'avoir des ouvriers particulièrement adroits, il est dangereux de déplacer les éléments pleins d'acide, car on court le risque presque certain de former des court-circuits. Il vaut toujours mieux enlever le liquide d'abord au moyen d'un siphon. A cet effet, on se sert d'un tube en ébonite rempli de la solution acide, dont on tient avec les pouces les deux extrémités fermées, et dont on plonge la petite branche dans les éléments à vider.

A aucun prix il ne faut aspirer avec la bouche pour amorcer le siphon. Comme les court-circuits sont toujours à craindre, tant que l'électrolyte est en contact avec les plaques, pour être sûr d'éviter tout accident, et ne pas recevoir de secousses, il convient que la vidange soit très complète. Lorsque les plaques positives sont trop endommagées pour pouvoir resservir, il faut s'en procurer de nouvelles. Chez les fabricants on en trouve à très bas prix, surtout lorsqu'on donne les vieilles en échange. Quand il y a seulement déformation, alors un redressage suffit. A cet effet, on place côte à côte les plaques déformées, dans la même position qu'elles doivent occuper dans l'élément ; on les sépare les unes des autres par des planchettes minces et le paquet mis par terre y est comprimé jusqu'au redressement complet au moyen d'un levier portatif et d'une presse à vis. Dès que la batterie est reconstituée, il faut immédiatement commencer la charge. On remarque qu'en séchant, les plaques négatives s'échauffent un peu, cela tient souvent à ce que le plomb pulvérisé qu'elles contiennent s'oxyde en partie à l'air.

D'ailleurs les plaques négatives doivent aussi peu que possible rester exposées à l'air, car dans ce cas, lorsqu'on les remet en service leur surface se boursoufle, s'écaille et les particules qui se détachent provoquent des court-circuits et quelquefois même entraînent la sulfatation des plaques positives. Malgré les boursouflures, il y a certaines plaques qui ne s'écaillent pas. Il n'y a dans ce cas aucun inconvénient à redouter ; mais il vaut toujours mieux ne pas courir le risque.

Lorsque les plaques négatives employées ont été mal construites, elles peuvent se couvrir aussi d'ampoules dans des éléments neufs, ou se déformer quand ceux-ci sont épuisés ou renversés accidentellement ; mais, en général, il n'y a que les plaques positives qui soient sujettes à cet inconvénient.

Dans tous les cas, il convient toujours de charger complètement les éléments avant le nettoyage, car alors l'exposition à l'air ne peut nuire en rien. Lorsque les plaques positives se sulfatent, leur surface devient extrêmement dure : mais si elles sont en bon état, la pâte et les grillages restent libres et le dépôt peut être détaché avec le doigt.

Enfin, comme dernière ressource, on a remarqué que l'addition à l'électrolyte d'une légère quantité de carbonate de soude ordinaire permet au courant de détacher plus facilement le sulfate blanc. Il se forme alors de la soude caustique qui réduit en partie ce sulfate.

Toutefois, il ne faut avoir recours à cet expédient que lorsque tous les autres moyens ont été épuisés et qu'on est décidé à remplacer les plaques positives. Au reste, lorsque celles-ci sont très endommagées, les négatives le sont également. Si ce procédé réussit, il faut aussitôt renouveler la solution de toute la batterie. Quelque fois aussi on peut enlever beaucoup d'écailles détachées des plaques positives et négatives en séparant les sections, et en agitant, dans le liquide, chaque série de plaques séparément.

La déformation des plaques peut enfin provenir d'une charge ou d'une décharge trop violente. Le même fait se produit également lorsque des morceaux de pâte détachés restent entre les plaques. Les surfaces ont alors des résistances inégales dans leurs diverses parties, et la contraction et la dilatation ne sont plus symétriques. Dans ce cas la couleur des plaques n'est pas altérée.

Quoi qu'il en soit, le cadre qui maintient ensemble les sections doit toujours être construit en vue de la dilatation des plaques positives, quelque faible qu'elle soit en général. Quelquefois, alors que tout semble être en bon état, il y a cependant des détachements partiels de la pâte, et cela à la suite d'une trop grande décharge subite.

Lorsqu'il arrive quelquefois que les plaques s'obscurcissent dans l'intérieur de l'élément et qu'on ne puisse plus facilement en distinguer les bords, il faut en conclure que l'eau mélangée à l'acide était impure. Ce fait d'ailleurs n'a pas d'autre inconvénient, mais il peut toujours être évité si l'on prend soin de laisser reposer la solution avant d'en remplir les éléments. Au fond des vases, il y a toujours un dépôt en poudre provenant du sulfate blanc détaché par les premières charges ; d'ailleurs les plaques ne doivent jamais descendre jusqu'au fond. Un remède provisoire contre la déformation des plaques consiste dans l'emploi de plaques de verre ou de coins de bois pour empêcher les plaques de se toucher ; mais cette précaution ne peut être efficace que pendant très peu de temps.

Il arrive quelquefois aussi qu'on se trompe, en reliant les fils de la machine aux bornes de la batterie. Toute la batterie est alors renversée et on s'en aperçoit à ce que les plaques négatives deviennent brunes, alors que les positives prennent la couleur de l'ardoise ; c'est une erreur qu'il faut toujours prendre soin d'éviter, car le seul remède qu'il y ait consiste en une décharge complète, à travers des lampes ou un jeu de résistances pour ne pas dépasser le maximum. Ces résistances peuvent d'ailleurs être réduites au fur et à mesure que la force électromotrice diminue. Après cela, lorsque l'accumulateur ne donne plus qu'une force électromotrice insignifiante ou nulle, on fait correctement la liaison avec la dynamo et on recommence la charge lentement à travers des résistances, puisque la force électromotrice à vaincre est très faible, jusqu'à ce que les éléments se chargent convenablement. On peut aussi tout simplement faire tourner d'abord très lentement la machine, mais l'emploi de résistances est préférable. Ce qu'on appelle une *boite de résistances*, c'est un cadre en bois auquel sont fixées plusieurs bobines en fil de maillechort, ayant la forme d'un ressort en spirale. Le diamètre du fil est proportionné à l'intensité du courant qui le traverse et un dispositif spécial : commutateur, permet d'intercaler un nombre variable de ces bobines dans le circuit. Malgré tout, il faut toujours un temps très long pour remettre les plaques en bon état et ce n'est que lorsqu'on s'aperçoit de l'erreur tout au commencement de la charge, que le mal peut être immédiatement enrayé.

Lorsqu'un élément ne donne aucune force électromotrice pour une raison quelconque en dehors d'un court circuit, le courant de décharge de la batterie a pour effet de charger cet élément en sens inverse. Dans ce cas, il faut aussitôt le mettre hors circuit et ne l'intercaler que pendant la charge. Alors, avec le temps, cet élément finira par avoir la même charge que les autres et pourra être remis définitivement à sa place. Pour opérer ces changements, il n'est pas nécessaire de couper les deux fils de communication de l'élément mort. En effet, il suffit de détacher le bord de liaison du pôle positif au pôle négatif de l'élément précédent et de joindre ce dernier au pôle négatif de l'élément mort. Seulement au moment de la charge, il faut avoir soin de défaire cette connexion avant de rétablir la communication normale, car sans cela l'élément se trouvant un instant fermé sur lui-même pourrait être immédiatement détruit. Dans la pratique on se sert d'un commutateur à deux directions. Les fils de communication doivent toujours être maintenus séparés dans le voisinage de la batterie pour éviter les court-circuits résultant d'une déterioration de l'isolant. Généralement on les suspend à des isolateurs de porcelaine.

Il ne faut jamais, dans les éléments, verser de l'acide concentré qui rongerait rapidement les grillages. De même, pour essayer la force électromotrice d'un élément, il faut se garder de réunir simplement les deux pôles par un fil conducteur. Si tout est en bon état, en effet, on obtient une étincelle, qui ne nous apprend rien, en même temps que le courtcircuit, ainsi provoqué, peut complètement abimer les plaques. Comme nous l'avons dit précédemment, c'est a·ec le voltmètre seul qu'il convient de procéder. Quand les plaques sont sulfatées, la résistance intérieure est naturellement plus grande et, par conséquent, la force électromotrice disponible est plus faible, ainsi que la capacité.

Un charge poussée jusqu'à l'ébullition, donne souvent

lieu à des erreurs. On croit que tout est en bon état, alors
qu'il peut y avoir des plaques abîmées par des chutes par-
tielles de pâte, ou des éléments morts. Dans ce dernier cas,
l'ébullition provient de ce que le courant de charge est trop
puissant par suite de la diminution de la force contre électromotrice. Par contre, il peut très bien arriver qu'aucune charge
ne soit assez puissante pour faire bouillir les éléments. Ce
fait ne se produit que lorsque presque toute la pâte est tom-
bée des plaques. Dans cet état, les éléments agissent comme
régulateurs, mais n'ont presque plus de capacité. Quand
dans un élément complètement chargé, on retire les plaques
du liquide, il faut que la densité de ce dernier soit exactement la même lorsqu'on y remet les plaques. En effet, si la
densité de l'acide se trouvait moindre à ce moment, elle ne
serait susceptible d'aucune augmentation sous l'effet de la
charge, et puisque les plaques chargées se composent surtout
de PbO^2, il n'y aurait presque pas de sulfate de plomb pour
se transformer en bioxyde. Quel que soit d'ailleurs l'état des
plaques, on est sûr que la charge est complète lorsque les
indications du pèse-acide deviennent constantes.

Il y a quelques années, le grillage des plaques était toujours en plomb ; mais depuis peu de temps on préfère
employer un alliage de plomb d'une dureté plus grande. Ce
perfectionnement a l'avantage de permettre le remplacement
de la pâte, et les frais de premier établissement d'une batterie sont si élevés, le renouvellement total des plaques
coûte si cher, qu'on a toujours intérêt à remplacer la pâte
quand on le peut. D'ailleurs, pour un service normal, ce
n'est qu'après plusieurs années qu'on est obligé de renouveler la pâte. L'opération est assez simple et, pour s'en faire
une idée, nous citerons le cas d'une batterie de 54 éléments
ayant perdu toute sa pâte, et à laquelle nous avons redonné
toutes ses qualités primitives ; le tout n'ayant coûté que
250 francs.

Il n'est pas toujours nécessaire de remettre à neuf tous les éléments, et souvent il n'y en a qu'un petit nombre pour lesquels il faut changer la pâte. Dans tous les cas, voici comment il faut s'y prendre : on doit commencer par les plaques positives et tout d'abord défaire la section, et espacer les plaques. On fait ensuite une pâte épaisse en mélangeant du minium avec du H_2SO^4, une partie d'acide sulfurique ordinaire et deux parties d'eau. La pâte prend une couleur brun foncé tirant sur le rouge, et il faut ajouter de l'acide jusqu'à dissolution complète du minium. On a ainsi une pâte qui n'est que du sulfate de plomb ; mais souvent, au lieu de faire la préparation que nous venons de dire, on préfère acheter directement du sulfate, qu'on trouve dans le commerce généralement plus pur que celui qu'on prépare soi-même. La pâte prête est alors appliquée sur les plaques, et comme on a espacé ces dernières, on peut atteindre, avec une planchette, toutes les parties des grillages, qu'on gratte après avec une lame de fer pour que l'épaisseur soit égale en tous les points. La pâte doit être parfaitement dure et adhérente ; pour cela un séchage de vingt-quatre heures, à une température modérée, suffit largement.

Les plaques négatives sont traitées de la même manière, mais la pâte est faite avec de la litharge au lieu de minium, et lorsque les sections sont remontées, les éléments replacés, on peut commencer la charge. Il faut généralement trente heures au moins pour former les plaques, et ce n'est qu'après cette durée que les plaques positives se chargent et prennent la couleur chocolat dont nous avons parlé. Quelquefois pourtant, la formation s'opère beaucoup plus rapidement. Jusqu'à ce que l'ébullition se soit produite dans les éléments renouvelés, ceux-ci doivent être mis hors circuit pendant la décharge. Les plaques positives peuvent aussi être remplies avec le bioxyde de plomb qu'on trouve dans le commerce sous le nom de *plomb couleur puce*, pour faire des plaques formées et chargées d'avance. Certaines personnes trouvent, il est vrai, que cette pâte adhère mal ; mais, par expérience, nous sommes d'un avis contraire. Il y a, il est vrai, une différence physique entre les deux pâtes. Le sulfate de plomb est étendu sous forme de pâte assez molle, alors que la pâte de bioxyde est, au contraire, très serrée. Si l'on peut réussir l'opération avec le PbO^2, on réalise de ce fait une grande économie, puisque les éléments sont prêts à fournir aussitôt une petite décharge. On ne peut d'ailleurs renouveler la pâte économiquement que si les grillages ne sont pas rongés. Le caoutchouc de bonne qualité ne se détériore pas dans l'acide ; mais s'il est de qualité inférieure, il tombe presque immédiatement en morceaux.

Relativement aux accumulateurs sans pâte, il n'y a rien à dire, car tout ce qu'on peut y faire se borne à enlever les écailles qui peuvent provoquer des court-circuits, et à redresser de temps en temps les plaques déformées.

Nous avons tellement parlé d'accidents dans ce chapitre, qu'on pourrait croire que les accumulateurs ne sont qu'une source d'ennuis constants. Non. Cela ne serait vrai que si on laissait les batteries sans surveillance ou qu'on ne porterait pas un remède immédiat aux petites avaries qu'on ne peut éviter. Au contraire, une installation d'accumulateurs ne cause pas d'ennuis sérieux, si elle est surveillée par des gens compétents.

CHAPITRE VI

Résumé.

Tout ce que nous venons d'exposer dans le chapitre précédent, peut se résumer dans les quelques conseils qui suivent :

Chargez toujours les éléments jusqu'à complète ébullition. Ne laissez jamais la force électromotrice descendre au-dessous de 2 volts par élément. Si pourtant le fait arrive, et qu'il est certain que la charge ne puisse être épuisée, vérifiez immédiatement tous les éléments. En général, une observation intelligente des pèse-acides suffit à donner une indication exacte de la valeur de la charge. Tous les deux ou trois jours, examinez les plaques pour voir leur couleur, leur état, etc... Pour mesurer la charge restante d'un accumulateur, un compteur n'est d'aucune utilité, et il ne peut tenir compte ni des actions locales, ni des pertes. Dès que, dans une batterie, il ne reste plus que 25 0/0 de la charge totale, la force électromotrice tombe très rapidement si on continue la décharge. Dès qu'on voit un défaut, il faut y remédier de suite : un élément mort doit être mis hors circuit aussitôt. Ne prolongez pas la charge plus qu'il n'est suffisant, et si un élément est en retard, examinez-le pour voir ce qu'il y a. Surveillez l'isolation. Veillez à ce que le liquide dans les éléments ne s'échauffe pas pendant la charge. Faites tarer de temps à autre les instruments de mesure, pour éviter des erreurs qui pourraient être fatales à la conservation des plaques. Assurez-vous toujours de l'état des connexions, et voyez s'il n'y en a pas qui s'échauffent. Le cas échéant, ne prenez conseil que d'ingénieurs compétents. Beaucoup d'amateurs négligent cette recommandation ; aussi détériorent-ils leurs accumulateurs par leur propre faute. Sur ce point, une question d'amour-propre est absurde, et on peut toujours se souvenir que toutes les règles du monde, tous les procédés sont inefficaces, s'ils ne sont pas intelligemment appliqués.

DEUXIÈME PARTIE

LES TRAVAUX D'INSTALLATION

CHAPITRE I

Les Moteurs, les Dynamos, leur conduite.

Examinons d'abord le moteur. Il peut être actionné par la vapeur, par l'air chaud, le gaz, l'eau, le pétrole, le vent, etc. Pour de petites installations, ne comportant que 25 à 30 lampes, on peut employer un moteur à air chaud ; mais, dans la plupart des cas, on préfère le moteur à gaz qui est simple et qui demande moins de surveillance.

Le moteur de Davey peut souvent rendre de grands services, mais c'est la force hydraulique, lorsqu'on peut en disposer, qui est toujours la plus économique. Cependant, dans ce qui va suivre, nous ne nous occuperons que des moteurs à gaz et des machines à vapeur, car ce sont eux qui sont le plus fréquemment employés.

Pour les grandes installations, les machines à vapeur sont naturellement tout indiquées, les moteurs à gaz de grande puissance coûtant plus cher et étant moins sûrs. Il ne faut pas employer de moteurs à gaz au-dessus de 9 chevaux.

Le moteur Otto de 9 chevaux est censé en donner 18, mais, à cause du travail absorbé dans le moteur même, il ne faut pas compter sur plus de 15 chevaux disponibles au frein. Comme le rendement est variable, qu'il dépend de la soupape, de la température du cylindre, de la pression du gaz, etc., il ne faut pas, en pratique, tabler sur un maximum de plus de 12 chevaux. Le plus petit moteur est celui de 1 cheval utile, et, entre ce modèle et celui de 9 chevaux, tous les intermédiaires peuvent donner de bons résultats pratiques, avec un rendement industriel de une fois et demie le travail indiqué.

Quoique tous les moteurs à gaz, de quelque système qu'ils soient, sont toujours vendus avec une petite brochure contenant des instructions très complètes, nous donnerons cependant ici quelques indications sur les précautions particulières à prendre dans l'application spéciale des moteurs à gaz, à l'éclairage électrique.

Tout d'abord, le défaut inhérent à tous les moteurs à gaz est la facilité avec laquelle ils s'arrêtent. Quelques précautions sont nécessaires pour rendre cet inconvénient le moins fréquent possible. Sans parler des graisseurs automatiques, les coussinets de toutes les parties mobiles doivent être pourvus de longs godets à huile. Au moment de la mise en marche, la machine doit être pourvue d'huile pour vingt-quatre heures, quand bien même la durée du service n'est que de huit heures. Pour éviter l'arrêt de la glissière, les ressorts, ou tout autre dispositif employé, doivent avoir une très grande liberté. Pour parer à l'extinction possible, et ne pas être obligé de mettre un brûleur auxiliaire pour rallumer le premier, le cas échéant, il est préférable d'assurer au gaz un jet long et fin, de manière à ce que la naissance de la flamme soit à 15 centimètres de la glissière, par conséquent hors de danger. Quant à la courroie actionnant la dynamo, le brin conducteur doit être placé le plus bas, pour éviter les chocs sur le plancher. Pour remédier aux ennuis provenant du relâchement de la courroie, il faut toujours à peu de frais, disposer sa machine pour qu'on puisse renverser le sens du mouvement à volonté, si on n'a pas de meilleur moyen à sa disposition. Il y a, en effet, plusieurs procédés mécaniques et électriques pour couper l'arrivée du gaz après un temps de marche préalablement déterminé.

Entre autres, un des meilleurs appareils est celui de

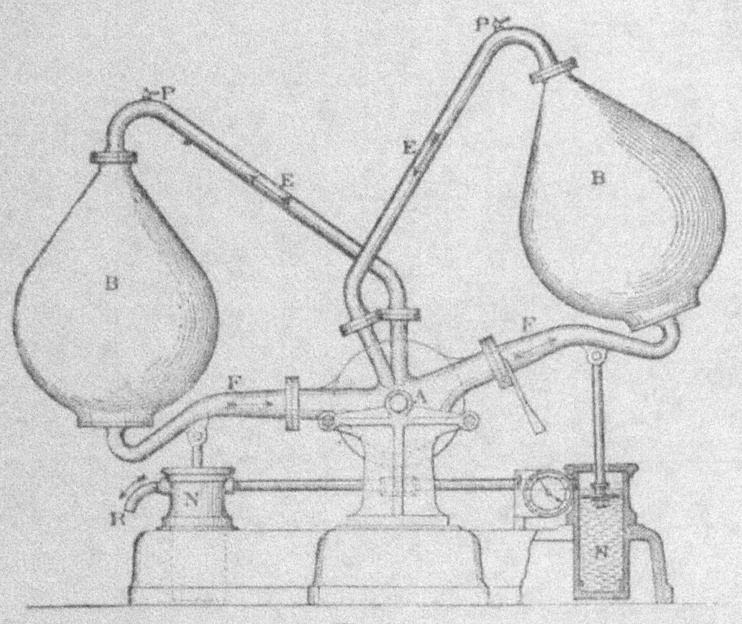

Fig. 6.

M. Cunyngham, composé d'une horloge ordinaire et d'un poids qui maintient un ressort. Ce poids descend, par heure, d'une certaine quantité. Derrière lui, on place une règle graduée en heures. Quand le poids est arrivé au bas de l'échelle, c'est-à-dire au zéro de la graduation, il fait basculer un levier qui déclanche un deuxième poids, fermant le robinet et provoquant aussitôt l'arrêt du moteur. Pour régler l'appareil, il suffit de déterminer la valeur du poids actionnant le robinet et de remonter l'horloge jusqu'à ce que son poids soit sur la règle graduée, devant le chiffre correspondant au nombre d'heures pendant lequel le moteur doit fonctionner.

Dans les machines à vapeur, comme dans les moteurs à gaz, les graisseurs doivent être également suffisants. Il est

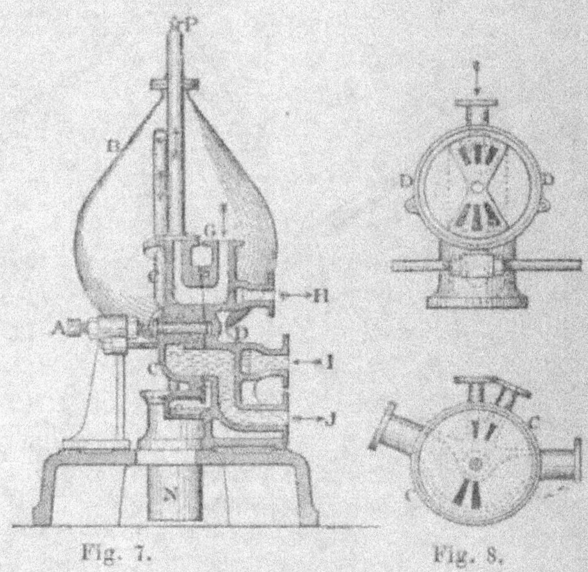

Fig. 7.   Fig. 8.

nécessaire que la chaudière puisse être alimentée d'eau de deux manières différentes. Dans cet ordre d'idées, l'appareil automatique de Fromentin, représenté dans les figures 6, 7 et 8, est à recommander pour maintenir le niveau d'eau constant, sans qu'on ait, sur ce point, la moindre surveillance à exercer.

Pour les coussinets des machines comme ceux des dynamos, M. Henry Crooks a inventé une peinture, qu'on peut employer avec succès, comme indication. En effet, cette peinture, qui est d'un rouge vermillon à la température ordinaire, commence à changer vers 38° C. pour devenir d'un brun foncé à 65° C., et reprendre sa couleur primitive quand la température baisse, sans que sa composition chimique ait été modifiée. Cette couleur est à base de mercure.

Pour tous les organes qu'on ne peut facilement atteindre avec la main, cette peinture rend de grands services. Il est en outre quelques accessoires qui ne sont pas sans impor-

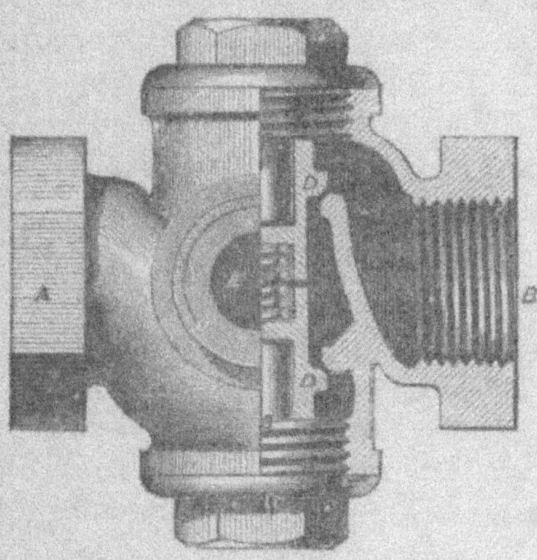

Fig. 9.

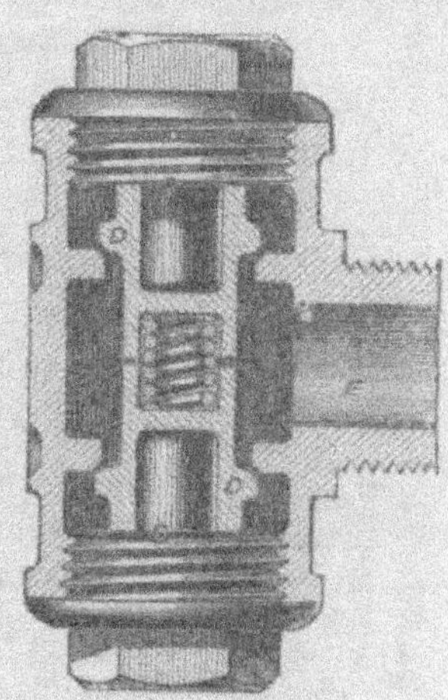

Fig. 10.

tance. On sait notamment que si les boulons des cylindres ne sont pas surveillés au début de la marche, comme à l'arrêt, un coup d'eau dans dans un cylindre peut en faire sauter les fonds. Pour éviter ce danger, on a construit un intéressant appareil que représentent les figures 9 et 10. Il se compose de deux petites soupapes, correspondant à trois ouvertures. Deux de celles-ci communiquent avec les extrémités des cylindres, la troisième à une ouverture de dégagement. Pendant la marche, les soupapes fonctionnent

5

automatiquement, et, à chaque coup, l'eau condensée peut s'échapper par les ouvertures. Au repos, les soupapes sont ouvertes. Cet appareil, que construit la maison Bailey and C⁰, sous le nom d'*aquajector*, pour un prix très bas, fonctionne, à notre connaissance, depuis plus de trois ans dans diverses installations, sans avoir donné le moindre ennui.

Dans ces derniers temps, M. Williams a également inventé des modèles de cheville fusible, à très bon marché, dont la mise en place, comme le renouvellement, peut être fait sans aucun outil. Comme les Compagnies d'assurances acceptent l'emploi de ces chevilles, on peut en conclure que celles-ci sont sans danger.

Dans toute installation, la dépense d'huile entre pour une très grande part dans les frais d'exploitation, surtout avec la grande quantité qu'on en perd généralement. L'économisateur Kichter (fig. 11) sera très avantageux, d'autant que si l'appareil est muni d'un filtre, l'huile peut servir deux ou trois fois, de telle sorte que l'économie résultante amortit très vite le prix d'achat. On recueille l'huile ayant déjà servi dans des godets spéciaux, et on en remplit l'économisateur, en ayant soin cependant d'en avoir un spécial pour l'huile neuve.

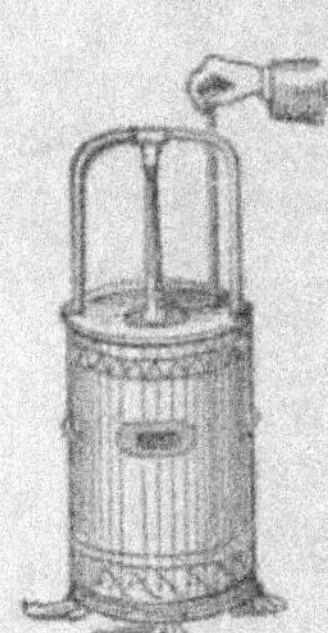

Fig. 11.

Il va sans dire que nous ne voulons pas faire de réclame, mais il nous a paru nécessaire de signaler ces appareils, qui, pour une somme de 100 à 200 francs, peuvent avantageusement être adaptés à une installation quelconque, non compris l'appareil d'alimentation automatique, avec lequel on peut chauffer préalablement l'eau d'alimentation.

La formation des dépôts dans les chaudières doit aussi être évitée, si l'on veut préserver les tôles, empêcher les variations de pression et économiser du combustible.

Les cylindres doivent toujours être lubréfiés automatiquement, et il ne faut jamais employer ni suif ni graisse. Cette dernière, au contraire, convient mieux que l'huile pour les coussinets, et fait moins de saletés. En outre, si les godets sont assez grands, on n'a besoin de les remplir qu'une fois par mois.

Dans le commerce, il y a plusieurs sortes de graisses. Après plusieurs essais, faits par nous, sur des échantillons anglais et d'autres provenances, nous avons trouvé que la meilleure était celle de MM. Elwell Parker qui, de plus, est très bon marché. Nous avons pu constater que 6 fr. 25 de cette substance font autant d'usage que 125 francs d'huile, sans que pour cela le travail de frottement soit plus grand. A la mise en marche, on règle avec soin l'alimentation des godets, pour que l'arbre ne s'échauffe pas, et, dès lors, il n'y a aucune surveillance à exercer.

Comme nous ne nous occupons ici que d'installations privées, nous ne voulons pas entrer dans plus de détails ; nous faisons toutefois la part large en prenant 5,000 lampes comme maximum car, de fait, avec 500 lampes seulement, on peut éclairer les résidences les plus vastes. Toutes les machines à vapeur doivent être pourvues d'un régulateur automatique. On peut compter que les bonnes machines, sortant des ateliers des premiers constructeurs, peuvent fournir, en marche continue, avec un rendement suffisant, un travail triple de l'énergie normale, avec le maximum de pression ; mais avec les machines bon marché, par suite moins robustes, on ne peut pas avoir plus de deux fois le nombre de chevaux normal.

Pour déterminer la puissance de la machine à acheter, il faut compter 8 lampes de 16 bougies par cheval au frein, si la dynamo est placée à moins de 100 mètres des lampes. Au delà, il faut admettre 7 lampes seulement, mais jamais moins, car, à part quelques exceptions, on peut revenir à ce nombre en employant un conducteur plus gros.

Comme énergie disponible, on peut compter sur une fois et demie l'énergie normale, pour être dans de bonnes conditions, d'autant qu'on a toujours la ressource de pouvoir augmenter la pression de la vapeur.

La puissance de la chaudière doit toujours être supérieure à celle de la machine, pour une marche régulière. Plus la pression est élevée, plus il est facile d'augmenter la détente, et plus aussi est grande l'économie de combustible, puisqu'il n'y a pas de surchauffe, et que presque toute la chaleur est convertie en travail. Au delà d'une certaine limite, les meilleures conditions de détente s'obtiennent par l'emploi de deux cylindres. La machine de ce genre appelée *Compound* ne sera pas cependant à recommander pour les installations privées, dépourvues d'un personnel compétent. En effet, plus simple est la machine, moins il y a de chances d'accident. La même observation s'applique aux machines à grande vitesse qui, pourtant, sont nécessaires quand on dispose d'un espace très restreint. Pour des machines de 10 à 20 chevaux nominaux, la vitesse doit être de 100 tours environ, et de 150 pour les machines plus faibles. Au delà de 20 chevaux, la vitesse doit être moindre. Naturellement nous ne parlons ici que de machines dites à faible vitesse. On a beaucoup parlé de la grande économie de combustible réalisée dans la machine Compound. C'est exact, en effet ; mais cet avantage n'est que de faible importance dans une installation particulière, où les frais d'achat et d'entretien viennent le compenser bien rapidement. Les hautes pressions dans les chaudières donnent aussi moins de sécurité. Prenons comme exemple du charbon à 25 francs la tonne et une installation de 100 lampes brûlant 2.000 heures par an. Par cheval et par heure, on dépensera $2^{k},7$ de charbon dans les machines simples, 1 kil. seulement dans les machines économiques. Cela ferait donc une économie de 1875 à 2,000 francs par an ; mais, par contre, il faudrait dépenser

750 à 1,000 francs pour le remplacement des tubes de la chaudière, le nettoyage, l'entretien des joints à cause de la forte pression, l'augmentation des intérêts, de l'amortissement, etc. D'ailleurs nous avons choisi un exemple exagéré. Il n'y a pas d'installation de 100 lampes marchant 2,000 heures par an ; aussi l'économie réelle ne s'élèvera en pratique qu'à 500 francs ; ce qui n'est qu'une fraction insignifiante de la dépense totale.

On a d'ailleurs toujours plus de sécurité avec les machines ordinaires à faible pression et à petite vitesse. Cependant il faut toujours faire assurer la chaudière et les machines contre les explosions ou tout autre accident. Les annuités sont très faibles, et comme de temps à autre la Compagnie fait inspecter l'installation, on ne peut qu'avoir une plus grande tranquillité. Pour en donner une idée, une chaudière de 12 chevaux nominaux, jointe à une machine de 10 chevaux et fonctionnant dans de bonnes conditions économiques à 36 chevaux indiquées, est assurée par la *Compagnie d'assurance de Chaudières de Manchester* pour une somme de 5,000 francs, la prime annuelle n'étant que de 125 francs.

L'assurance couvre aussi les dégâts qu'une explosion peut occasionner aux bâtiments. Si la salle des machines n'est pas ininflammable, il convient aussi de l'assurer contre l'incendie.

Quand les machines marchent tous les jours, il y a une certaine économie à couvrir seulement le feu pendant la nuit. De la sorte, l'eau est encore tiède le lendemain matin. Avec une alimentation automatique, ce procédé ne présente aucun danger ; d'ailleurs, une chaudière doit toujours être pourvue de deux indicateurs de niveau d'eau et de deux soupapes de sûreté.

Pour éviter les dégâts dans la chaudière, il est bon d'ajouter une composition spéciale dans l'eau, qui est déterminée par une analyse préalable.

Occupons-nous maintenant des courroies et des transmissions. Une courroie quelconque est excellente si le joint ne fait pas saillie. On s'est beaucoup servi de chaînes à anneaux de cuir ; mais ceux-ci, combinés avec des anneaux de fer ou d'acier, ont l'inconvénient de nécessiter une surveillance constante. La courroie de Sampson est une des meilleures ; elle coûte cher, il est vrai, mais elle a une durée indéfinie. En Angleterre, MM. Churchill vendent une autre espèce de courroie importée d'Amérique, et dont M. Cooper est l'inventeur. Ce cuir est à peu près deux fois plus résistant que le cuir ordinaire ; il adhère parfaitement ; mais il est susceptible de s'allonger dans les transmissions puissantes à double courroie.

A l'inverse de la pratique ordinaire, c'est la partie lisse de ce cuir qui doit être appliquée contre la poulie. Pour les arbres intermédiaires, il faut se servir de courroies doubles, et n'en avoir que de simples pour les dynamos. La distance de l'axe du volant à celui de la transmission doit être de 4^m,50 environ. La tension des courroies ne doit pas être trop grande et le brin le plus lâche doit être en haut, pour éviter, comme nous l'avons dit, les chocs sur le plancher. En outre, on a ainsi une plus grande adhérennce et une meilleure tension. Si, pour une autre cause qu'une mauvaise tension, ou une surcharge de travail de la machine, la courroie vient à glisser, il faut lubréfier celle-ci avec un sirop spécial. Il se produit quelquefois aussi une onde dans la flèche de la courroie, qui se manifeste dans les lampes par des inégalités de lumière ; on remédie facilement à cet accident, en consolidant les machines et en modifiant un peu leur vitesse.

L'arbre intermédiaire doit être très solide, et la courroie doit pouvoir s'y déplacer horizontalement. On peut ainsi laisser une certaine petite flèche aux courroies et laisser celles-ci se tendre par leur propre poids. Au point de vue de l'usure des coussinets, c'est assez avantageux. Quand on a un espace suffisant, il est également bon de mettre la machine d'un côté de l'arbre intermédiaire, la dynamo de l'autre, de manière à ce que les tensions des courroies, s'équilibrant, le travail de frottement soit diminué en partie.

L'huile exerce sur les coussinets une action toute particulière. Les fusées de l'arbre ne sont jamais, quelle que soit la charge, en contact avec les pièces de bronze des paliers, de telle sorte que le travail de frottement consiste en réalité à comprimer une mince surface d'huile. C'est là la raison pour laquelle le travail de frottement est à peu près indépendant de la charge, si toutefois le graissage est suffisant. Par exemple, si, pour faire tourner une transmission à blanc, 4 chevaux sont nécessaires, le travail total dépassera environ 5 chevaux, quand la dynamo absorbera un cheval, et ainsi de suite. Il en résulte, par suite, que plus on demande de travail à une machine (sans dépasser cependant la limite), plus son rendement est élevé, et dans la pratique, en effet, il faudrait dépenser autant de charbon, autant de travail pour alimenter une lampe que pour en faire brûler dix.

Après ce que nous venons de dire, il convient maintenant d'examiner un peu certains détails mécaniques des machines dynamo, sans nous occuper encore du côté électrique.

Il y a dans l'industrie, aujourd'hui, un très grand nombre de machines dynamo ; mais toutes celles qui sont bien construites ont à peu près le même rendement et la même valeur. En principe, on doit préférer la machine à faible vitesse : 500 à 700 tours. Elles donnent bien moins de trépidations que celles qui exigent 1,000 à 1,500 tours ; mais elles coûtent un peu plus cher. Il est de toute nécessité d'avoir des massifs de fondation très solides, des graisseurs automatiques aux coussinets, et à ce point de vue, nous recommandons particulièrement l'emploi de la graisse. Les machines doivent toujours être tenues dans un parfait état de propreté. Le mécanicien doit surtout porter son attention sur le collecteur et les balais, qui doivent toujours être très propres. Il ne doit jamais y avoir d'étincelles. Toutes les machines sont pourvues de porte-balais réglables à volonté. L'étincelle provenant d'un serrage trop grand des balais, a pour effet d'abimer très vite le collecteur, qui cesse très rapidement d'être cylindrique pour prendre toute espèce de formes. Quand cet accident se produit, le seul remède consiste à remettre le collecteur sur le tour; mais cette mesure extrême peut toujours être évitée avec des soins, et une armature ne doit pas être déplacée plus d'une fois dans l'espace de trois ou quatre ans. Pourtant, comme dans certaines lames, il peut toujours y avoir quelques défauts provenant du manque d'homogénéité du métal, on n'est jamais à l'abri de l'usure irrégulière. Dans ce cas, il faut remplacer la lame défectueuse. Comme métal, nous recommandons le cuivre fondu qui donne toujours une usure égale, reste brillant, et puis il présente très rarement de défauts.

Il ne faut pas oublier qu'un collecteur en mauvais état a immédiatement pour effet d'abaisser le rendement. A la longue même, la machine peut être complètement mise hors d'usage.

En outre, les moindres inégalités dans l'armature font sauter les balais, par suite vaciller la lumière, et ce défaut ne peut aller qu'en augmentant.

Les précautions à prendre pour éviter cet inconvénient, peuvent se ramener à six :

1° Les balais doivent avoir l'inclinaison voulue ;

2° Leur pression sur le collecteur doit être bien réglée ;

3° Les points de contact doivent être exactement diamétralement opposés ;

4° Le calage doit être réglé pour chaque intensité de courant ;

5° Le collecteur doit, de temps en temps, être légèrement graissé;

6° Les balais et le collecteur doivent toujours être tenus dans un parfait état de propreté.

I. En général, l'inclinaison des balais doit augmenter avec leur usure. L'inclinaison est jugée suffisante quand le collecteur tourne sans bruit et que les contacts sont bons. Les balais neufs doivent avoir leur extrémité légèrement limée pour bien épouser la forme du collecteur ; car lorsque les contacts sont mauvais, la machine ne donne pas ce qu'elle doit.

II. La pression des balais sur le collecteur n'a pas besoin d'être bien grande, mais il faut qu'elle soit suffisante pour assurer les contacts. Une pression trop forte a pour effet de faire chauffer le collecteur et l'armature, en même temps qu'elle entraîne une usure anormale.

III. D'habitude, un collecteur neuf porte deux points de repère diamétralement opposés, pour qu'on puisse ajuster les balais. Si ces traits n'existent pas, il faut compter les lames et les déterminer.

IV. Les balais, avons-nous dit, doivent être placés aux extrémités de la ligne neutre. Celle-ci est un diamètre vertical ou horizontal, suivant les machines ; mais il ne faut pas oublier que la ligne neutre théorique se déplace pendant la marche et occupe une position qui dépend de l'intensité du courant. Nous n'avons pas ici à examiner les causes de ce déplacement de la ligne neutre, mais toujours est-il qu'il y a production d'étincelles quand des balais sont mal calés. Or, comme ceux-ci sont montés sur des cadres mobiles, dès la mise en marche, il faut déplacer ce cadre jusqu'à ce qu'il n'y ait plus d'étincelles, ou qu'il n'y en ait presque

plus. Dans une bonne machine, il doit y avoir un calage
pour lequel les étincelles n'existent pas.

On appelle calage, l'angle que fait la ligne neutre avec la
ligne neutre théorique. Ce calage peut être positif ou négatif. Il est positif quand la ligne neutre réelle est en avance de
la ligne théorique dans le sens du mouvement, et négatif
dans le cas inverse. Pour les dynamos, le calage est positif,
et négatif pour les moteurs. Dans les premières dynamos,
le calage était considérable ; aujourd'hui, il n'est guère que
de 3 $^m/_m$ à 6$^m/_m$; mais il varie, comme nous l'avons dit,
avec l'intensité du courant.

V. Le collecteur, avons-nous dit, doit être graissé de
temps en temps. A cet effet, la graisse vaut mieux que l'huile,
et si elle contient un peu de pétrole, l'opération n'a besoin
que d'être faite une fois toutes les vingt-quatre heures. On
fait ce graissage, qui adoucit le contact des balais, soit avec
la main, soit avec un chiffon ; mais, en tous les cas, il ne
faut pas employer un morceau de graisse plus gros qu'un
petit pois. Avec de mauvaises machines, cette lubrification
doit être assez fréquente ; mais il faut se garder d'employer
le graphite, à cause de sa conductibilité, à moins que ce ne
soit pour les machines alternatives, dont les commutateurs
ne sont pas composés d'un grand nombre de lames sépa-
rées.

VI. Enfin la propreté des organes est une condition essentielle, sans laquelle on ne peut éviter la production d'étincelles.

Si toutes ces précautions sont prises, l'usure du collecteur doit être modérée et il ne doit pas y avoir de poussière
de cuivre autour de la machine. Pourtant, si cela se produit, il faut diminuer la pression des balais et nettoyer le
collecteur. Cette opération doit se faire au repos et toujours

les balais levés, tandis qu'on peut modifier le calage pendant la marche.

Pour s'assurer que la machine est amorcée, il suffit d'approcher à la main un morceau de fer des pièces polaires.

Dans tout ce qui précède, nous avons toujours supposé que nous avions à faire à des dynamos à courant continu. En effet, les machines alternatives ne sont pas employées à la charge des accumulateurs.

Une précaution très importante consiste à ne jamais soulever un balai pendant la marche. Par ce fait, le courant serait rompu et l'extracourant ainsi produit abîmerait certainement la machine en crevant un isolant au point où il serait le plus faible. Avec des courants de haute tension, l'accident pourrait être plus grave, et le choc qui en résulterait serait très-dangereux.

De temps à autre, le collecteur aussi a besoin d'être frotté avec du papier d'émeri très-fin. On tient le papier à la main, puis on fait tourner lentement le collecteur, et, si on ne peut se servir d'un tour, il faut enlever les balais, pour que ceux-ci ne se couvrent pas de poussière d'émeri. Quand le dommage est assez grand, une lime fine vaut mieux que le papier.

La température des électros, comme de l'armature, ne doit jamais être assez élevée pour qu'on ne puisse y laisser la main. De temps en temps, il faut donc, pendant la marche, toucher les parties accessibles, mais ne tâter l'induit qu'au repos.

Beaucoup de personnes s'imaginent à tort qu'une machine, vendue pour 50 lampes, ne peut pas fournir davantage. De fait, elle est susceptible de donner beaucoup plus, mais, naturellement, en provoquant un échauffement anormal. Dire qu'une machine est faite pour 50 lampes, veut dire seulement que le fil de l'armature est assez gros pour supporter le courant nécessité par 50 lampes. Il y a donc intérêt à ne pas dépasser cette limite, et à éviter que, par négligence, on fasse usage de lampes exigeant une intensité plus haute que les lampes normales de 16 bougies.

Les moteurs électriques demandent les mêmes soins que les dynamos ; la construction (voir fig. 12) étant identique, à cette seule différence près que le calage doit être négatif. La vitesse de rotation d'un moteur étant toujours plus grande que celle de la machine qu'il actionne, il est nécessaire d'employer un arbre intermédiaire, toujours préférable

Fig. 12.

à l'engrenage ou à la vis sans fin, car il permet de faire tourner autant de machines qu'on veut avec un seul moteur.

Dans un atelier de construction, pour que chaque outil soit indépendant, on préfère employer autant de moteurs que de machines. Malgré la perte de 50 0/0 environ, les moteurs électriques sont économiques. Il faut cependant avoir soin de ne pas employer, dans la transmission, un arbre principal devant tourner toute la journée, à cause de la perte de 30 0/0 qui en résulterait. De plus, comme les outils ne sont jamais tous en mouvement, qu'il y en a toujours un grand nombre arrêtés, il faut que les moteurs soient indépendants, pour qu'on puisse les arrêter et permettre à la génératrice d'absorber moins de force à mesure qu'elle en produit moins.

Dans une installation privée, le moteur électrique peut servir à toute espèce d'applications auxiliaires : à un ventilateur, par exemple, ou à tout autre appareil exigeant un moteur sans bruit, sans feu, sans fumée, en somme, sans inconvénients.

CHAPITRE II

Tableaux commutateurs, Instruments, Lampes et Fils.

Les tableaux de commutation ne sont pas absolument indispensables ; mais leur emploi est général à cause de tous les accidents qu'ils permettent d'éviter. Ils se composent toujours d'une planchette ou d'une ardoise sur laquelle sont montés tous les commutateurs et instruments accessoires, groupés ainsi pour qu'on les ait sous la main, et que d'un coup d'œil on puisse s'assurer que tout est en ordre dans l'installation.

La figure 13 représente ce tableau ; mais il va sans dire qu'ils ne sont pas tous identiques et qu'ils varient de forme et de disposition avec l'importance et les besoins de chaque installation.

Pour la construction des tableaux, voici quelques indications pratiques.

La planchette, de préférence, doit être en ardoise, coûtant le même prix que le bois, sans aucune communication sur sa face postérieure. Tous les conducteurs qui ne sont pas visibles doivent être très gros ; toutes les communications doivent être établies sur le devant de la planchette, au moyen de bornes, et les commutateurs doivent être montés de manière à ce qu'ils puissent être facilement enlevés pour le nettoyage ou les réparations. Les commutateurs pour des courants puissants doivent être massifs, et, comme les interrupteurs et autres instruments, doivent être d'un accès facile. Généralement, à chaque tableau, on adjoint un diagramme des communications, pour éviter les erreurs ;

d'ailleurs, dans un tableau bien construit, toutes les communications doivent y être faites d'avance pour qu'on ait qu'à y fixer après coup les fils de la dynamo, des lampes ou des accumulateurs. Naturellement, avant de construire un tableau, il faut, au préalable, étudier avec soin toutes les exigences de l'installation, pour n'avoir pas de modifications à faire après la mise en marche. Toutes les bornes ou autres

Fig. 45.

parties pouvant causer des court-circuits doivent être munies de couvercles en bois ou en verre. D'habitude, on monte tous les appareils sur un même fil, le négatif par exemple, et on peint en rouge toutes les parties positives du tableau, pour qu'on puisse, du premier coup d'œil, s'y reconnaître.

Quels sont les meilleurs commutateurs ?

Il y en a de bon marché, il y en a de très coûteux ; les

uns sont faits pour des courants puissants, d'autres pour
des courants faibles. Ces derniers sont généralement appe-
lés *Commutateurs de lampes*, et transmettent de 1 à 10 ampères (fig. 14). En Angleterre, les meilleurs commutateurs
sont ceux de MM. Woodhouse et Rawson et représentés par
les figures 15 et 16, les premiers pour des courants intenses,
les seconds pour des courants plus faibles. Ils sont bien
construits, coûtent peu, ont l'avantage d'être incombustibles

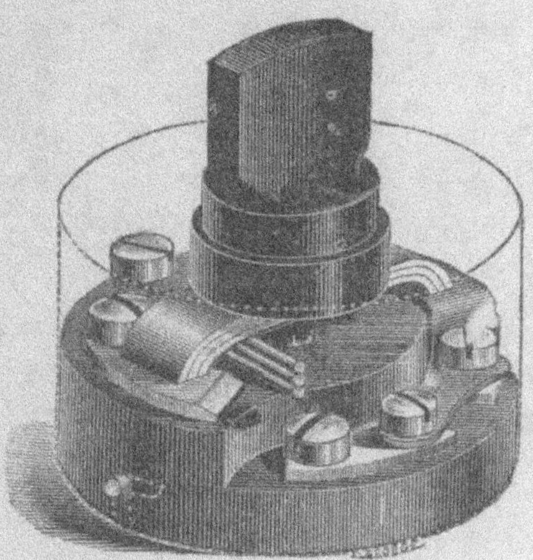

Fig. 14.

et de pouvoir être facilement démontés. Les gravures représentent des commutateurs à une ou plusieurs directions,
ainsi qu'un type à branches multiples, dont nous parlerons
plus loin. A part les commutateurs de lampes, ceux-ci ne
s'emploient pas pour des interruptions de courant qui produisent une étincelle et abîment, par suite, les contacts.
Pour cet usage, il y a des commutateurs spéciaux. Quand
on fait passer un courant dans un ampèremètre, il n'y a
pas généralement d'étincelle, ou une si faible qu'elle est

6

imperceptible. M. Hedges de la *Globe Electric et C°*, l'*Electrical Power Storay C°* et M. Crompton construisent de très bons commutateurs. Celui de Siemens est probablement

Fig. 15.

celui qui convient le mieux pour les ruptures de circuit. Il est basé sur ce principe que la dernière interruption est faite entre deux pointes de charbon. De la sorte, aucune

Fig. 16.

parcelle métallique ne peut brûler, et quand les charbons sont usés, au bout d'un an à peine, on peut les remplacer pour une somme minime. L'appareil agit de la manière suivante : le commutateur métallique ne présente rien de particulier ; mais lorsque le doigt a quitté la touche, le courant continue à passer à travers deux courtes tiges de charbon, dont les extrémités sont maintenues en contact par une came et un ressort. En continuant le mouvement, les charbons s'écartent en donnant l'arc ordinaire, puis le courant est complètement rompu. Naturellement, dans l'opération inverse, les charbons viennent d'abord en contact, puis, en second lieu, les parties métalliques. Avec de faibles forces électromotrices, il n'y a d'ailleurs d'étincelle qu'au moment de la rupture. On a construit un très grand nombre de commutateurs pour éviter les étincelles. Chez les uns, l'étincelle est divisée en un grand nombre de petites, chez les autres, au moyen d'une résistance, la rupture ne se fait que graduellement ; mais aucun ne vaut le commutateur Siemens, qu'il est étonnant de ne pas voir universellement appliqué.

Le commutateur de lampes doit être pourvu d'un dispositif quelconque, empêchant qu'on puisse le tourner complètement au moment de la rupture du circuit. Sans cela, en effet, on pourrait provoquer une étincelle et créer un danger d'incendie. Dans ce but, on fait généralement usage d'un ressort et la base ainsi que le couvercle sont en matière incombustible. Il est vrai que les accidents produits par les commutateurs, sont très-rares. S'il y a une étincelle, celle-ci finit par s'éteindre d'elle-même à mesure que le métal brûle, mais pourtant il vaut mieux prendre toutes les précautions. En tous les cas, les lampes elle-mêmes servent d'indicateurs, car elles ne s'éteignent pas complètement si l'arc se produit dans le commutateur.

Il n'existe aucun moyen simple pour réduire l'éclat d'une lampe ; on a imaginé des commutateurs avec résistances, mais ce moyen n'est pas bon, car l'énergie dépensée reste toujours la même, que la lampe ait son éclat entier ou n'éclaire qu'à demi. Il vaut donc mieux faire une extinction partielle. Une petite lampe est plus économique qu'une grande ; mais l'éclat du charbon est le même dans les deux, aussi est-il préférable d'employer un mélange de lampes d'intensités différentes, et de se servir alternativement des unes ou des autres. Il y a une variété infinie de commutateurs. Les uns sont de véritables robinets, d'autres sont des boutons qu'on presse ou qu'on tire pour allumer ou éteindre ; il y en a en forme de poires, qui sont commodes pour être placés près d'un lit au bout d'un cordon souple ; enfin il y a le commutateur de Browett, qui se fixe à la corniche et auquel pend un cordon. En tirant on allume, et on éteint de même, et dans ce cas, on peut à distance faire fonctionner le commutateur. Les commutateurs de Faraday, de Crompton et d'autres sont également bons. L'auteur a construit deux modèles ; l'un qui rappelle celui de Browett, ne peut être employé facilement à cause de son prix, l'autre qu'exploitent MM. Woodhouse et Rawson, permet d'adjoindre à chaque commutateur une lampe portative, ayant elle-même un commutateur indépendant. Les commutateurs magnétiques, manœuvrables à de grandes distances, sont aussi utiles quelquefois. Également les chevilles qui se fixent dans le mur sont commodes pour brancher une lampe portative ou un moteur. Parmi celles-ci, les chevilles Tailor Smith, qui ont leurs lampes spéciales, sont des meilleures.

Pour protéger chaque lampe, et même chaque chambre, contre un court circuit accidentel, on place en général, dans chaque commutateur, une pièce fusible qui fond lorsque l'intensité atteint une certaine limite. Pour qu'on puisse transporter à volonté, une lampe dite portative, chacune d'elle est munie d'un dévidoir enroulé de fil double dont les extrémités sont reliées au support et à la pièce de communication. L'allumage fait, on peut promener la lampe à son gré, puis après coup, enrouler le dévidoir au moyen d'une petite manivelle.

On ne connaît pas assez l'intérêt qu'il y a à éviter les court-circuits. Un exemple est nécessaire. Prenons un courant de 100 volts alimentant une lampe de 16 bougies, ayant une résistance de 170 ohms et comptons 1 ohm pour la résistance des conducteurs : normalement le courant dans ces conditions est de 0,6 ampères ; mais si accidentellement les deux fils viennent à se toucher dans le voisinage de la lampe, la résistance du circuit, tombant de 171 ohms à 1 ohm, l'intensité devient brusquement 170 fois plus grande. Les fils brûlent et la machine ou les accumulateurs sont instantanément détériorés. La précaution à prendre consiste à placer un coupe-circuit fonctionnant dès que le courant atteint une intensité maximum. Chaque embranchement, comme chaque conducteur principal d'une maison, doit être pourvu d'un appareil de ce genre. Il faut placer le coupe-circuit dans un endroit facilement accessible, et de manière à ce qu'on puisse, après l'extinction, le remettre en état sans le secours d'un outil. Il y a deux espèces de coupe-circuits : les uns magnétiques, les autres fusibles. Les coupe-circuits fusibles sont les plus employés. Ils se composent généralement de feuilles ou de fils d'étain, dont la section est déterminée pour qu'il y ait fusion au passage d'un courant trop élevé. M. Alexandre Siemens a démontré que jusqu'à une température de 150° C., les isolants ne courent aucun risque et qu'il ne faut pas employer de pièces fusibles fondant pour un courant moindre que le triple du courant normal. Dans le cas contraire, il se produit une oxydation graduelle qui n'est pas sans inconvénient ; on voit donc qu'une marge de 200 0/0 est plus que suffisante.

Il n'y a ici aucun intérêt à décrire en détail tous les nombreux coupe-circuits basés sur l'élévation de température. En effet, ces appareils qui dépendent de la dilatation et de la constitution de deux métaux différents soudés ensemble, ne sont peut-être pas mauvais, mais sont d'un fonctionnement trop irrégulier.

Dans le nombre, également très grand, des commutateurs magnétiques, agissant pour une intensité déterminée, le meilleur est le commutateur Cuningham, représenté fig. 17. Le courant passe à travers un godet de mercure ; mais cela est sans inconvénient. Un modèle spécial a été étudié pour les navires. Quand le courant est assez puissant, l'aimant attire son armature qui sort du mercure les bras qui y plongeaient et le courant est coupé ; on rétablit le contact à la main. Ces appareils sont surtout utiles dans les endroits où leur fonctionnement doit être fréquent, tels que le voisinage des machines et des moteurs. Un court-circuit fusible serait trop long à remettre en état. Pour des courants dépassant 10 ampères, le

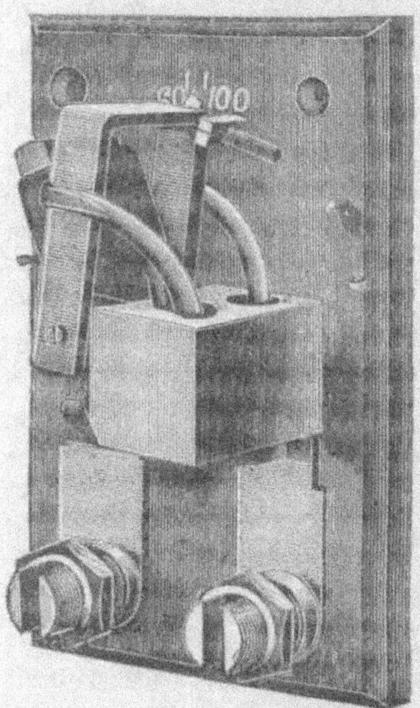

Fig. 17.

meilleur procédé consiste à employer deux coupe-circuits, l'un fusible et l'autre magnétique, fonctionnant à une intensité plus faible que le premier. De la sorte les deux appareils se contrôtent eux-mêmes. Les socles et les couvercles des coupe-circuits doivent naturellement être incombustibles. Dans un appartement, le meilleur endroit pour placer ces appareils sont les montants des portes ou les murs immédiatement à côté. De la sorte, on peut éclairer une chambre avant d'y entrer ou d'ouvrir la porte, et si tout est symétrique, dans l'obscurité même, on trouve facilement le commutateur correspondant à une pièce quelconque. Il est nécessaire de placer des chevilles pour les lampes portatives, près des tables de travail ou des lits ; le commutateur se dissimule facilement dans la décoration. On a donné beaucoup de règles pour déterminer à priori le nombre de lampes nécessaires à l'éclairement d'une pièce ; mais il n'y en a aucune pratique, parce qu'il y a des décorations qui demandent plus de lumière que d'autres. Cela dépend aussi de la place qu'occupent les lampes, de la hauteur de suspension, etc. La meilleure manière de procéder consiste à répartir des lampes ordinaires dans une chambre, jusqu'à ce qu'on ait atteint l'effet voulu, et de se guider alors d'après cet essai pour l'emplacement des circuits et des lampes.

On obtient l'éclairage le plus agréable en plaçant les lampes autour de la chambre à $0^m,60$ du mur et à une hauteur de $2^m,20$ environ. Cette manière de faire est aussi la plus économique ; mais naturellement, il faut tenir compte en chaque cas de la destination de la pièce qu'on éclaire. Dans un salon de réception, le meilleur effet est obtenu avec des lampes placées à une hauteur de 3 mètres. Une bonne disposition consiste aussi à suspendre les lampes au bout d'un fil double. Quand on craint l'éclat trop vif, on peut faire usage de lampes en verre dépoli ; on a ainsi une absorption de 15 à 20 0/0, mais ce n'est pas une perte absolue au point de vue de l'effet général.

Toutes les lampes à incandescence d'une même intensité lumineuse absorbent la même énergie ; mais il n'en est pas de même pour les lampes à arc. Une lampe de 100 volts et de 16 bougies, exige, par exemple, un courant de 0,6 ampères ou une énergie de $0,6 \times 100 = 60$ watts, et si de là on veut trouver le courant correspondant à une lampe de 60 volts et de 16 bougies on a $\frac{60\ \text{W}}{60\ \text{V}} = 1$ ampère. Par suite, pour 32 bougies, on a 120 volts, etc. Les supports en vitrite sont les meilleurs.

Quoique les lampes à arc ne soient pas généralement employées pour l'éclairage des maisons privées, il n'est pas inutile d'en dire quelques mots.

En Angleterre, les lampes Siemens, Crompton, Brockie-Pell, et beaucoup d'autres, sont considérées comme de premier ordre. MM. Woodhouse et Rawson construisent aussi une lampe excellente et très fixe. Pour toutes ces lampes, une différence de potentiel de 40 à 55 volts est nécessaire. La lumière ne s'y produit pas au moyen d'un filament in-

Fig. 17.

candescent qui dure 2,000 heures, mais par l'assemblage de deux crayons de charbon que traverse le courant et qui sont séparés par une distance de 2 $^{m/m}$, dans les petites lampes, et de 7 $^{m/m}$ dans les grandes. Le passage du courant se manifeste par une petite flamme courbée en arc, et ce sont les pointes incandescentes des charbons qui produisent la lumière. Le charbon positif se creuse en brûlant, et il y a transport de matière sur le charbon négatif, qui prend la forme conique. Le charbon positif brûle deux fois plus vite que le négatif, et sa direction doit être celle où l'on veut diriger la lumière. L'arc n'est composé que de gaz chauds. Les lampes à arc doivent être nettoyées, les charbons remplacés tous les jours. Elles exigent donc des soins tout spéciaux. De plus, il faut y adjoindre une enveloppe protectrice pour éviter la chute des morceaux de charbon incandescent. La figure 18 est une vue photographique

d'un foyer de 2,000 bougies, prise par l'auteur au moyen de
deux prismes de Nicholl à une distance de 45 centimètres
de l'arc.

Les seuls instruments nécessaires dans une installation
de ce genre sont les ampèremètres et les voltmètres. Ces
deux appareils sont identiques et ne diffèrent que par la
résistance de leurs fils. L'ampèremètre, devant indiquer
l'intensité sans perte de potentiel, son cadre galvanomé-
trique doit avoir une faible résistance. Dans le voltmètre,
au contraire, comme l'appareil doit absorber tout le potentiel, sa résistance doit être très-grande. D'habitude, ces
derniers instruments se montent en dérivation aux bornes
des lampes, quand celles-ci ne sont pas en série. Il y a trois
espèces d'instruments : les uns à lecture directe, les autres
se réglant pour chaque lecture, et les troisièmes nécessitant
l'emploi de tables de calcul pour l'interprétation des indications. D'autre part, tous les instruments peuvent être
rangés dans deux catégories, les apériodiques et les non-
apériodiques.

Les instruments apériodiques, à lecture directe, sont les
plus commodes parce que l'aiguille s'arrête aussitôt, donnant
l'indication exacte sur l'échelle ; seulement, ils se dérangent
facilement et ont besoin d'être tarés souvent. Il est bon,
pour éviter des erreurs, d'éloigner des appareils les masses
de fer et les courants électriques ; mais la meilleure précaution consiste à employer plusieurs galvanomètres, qui
se contrôlent mutuellement.

Les meilleurs voltmètres et ampèremètres anglais sont
les suivants :

Les appareils de Siemens, qui ont besoin d'être réglés et
pour lesquels il est nécessaire d'avoir des tables de calcul.
On pourrait cependant les construire de manière à avoir des
lectures directes ;

Ceux d'Ayrton et Perry, dont un modèle est apériodique, à lecture directe, et l'autre, à ressort, qui ne l'est pas ;

Ceux de Crompton et Kaff, qui sont très sûrs mais qui ne sont pas apériodiques ;

Ceux de MM. Joël, Paterson et Cooper, appareils donnant des indications très rigoureuses ;

Celui de Cuningham, modèle portatif, dérivé, avec quelques modifications, du galvanomètre Siemens, qui est apériodique à lecture directe ;

Le voltmètre de Cardew, fondé sur la dilatation d'un fil sous l'influence de la chaleur que développe le courant ;

L'ampèremètre de Cooke, enfin, qui ne donne que des indications approchées, d'après les changements de couleur d'une peinture spéciale.

Les détails de construction de tous ces appareils se trouvent dans des traités spéciaux. Après chaque lecture d'un voltmètre, il faut laisser l'aiguille revenir au zéro, et n'intercaler l'appareil dans le circuit qu'au moment de mesurer. Cependant le voltmètre de Cardew fait exception à cette règle.

Quant aux compteurs d'électricité, il y en a un très grand nombre. Ils reposent tous à peu près sur le même principe, c'est-à-dire sur un dispositif quelconque, faisant, par un rouage, avancer des aiguilles sur un cadran, proportionnellement à la quantité d'électricité qui passe. Le compteur Ferranti, qui est sans doute un des meilleurs et des plus simples, est fondé sur la propriété que possède le courant électrique de mettre en mouvement le mercure dans un appareil spécial. D'autres compteurs sont fondés sur les propriétés magnétiques, et celui du professeur Forbs sur les propriétés calorifiques. Il y a déjà longtemps, l'auteur a construit un compteur très-exact, dans lequel un rayon lumineux, tombant sur le miroir d'un ampèremètre, était réfléchi sur une bande mobile de papier sensible. La courbe était intégrée après coup ; mais c'était trop compliqué pour être pratique. Le compteur Edison, enfin, enregistrant les dépôts de métal galvaniques, ne s'emploie plus. Pour de hautes intensités, il donnait des indications inexactes.

Le montage des lampes se fait, il va sans dire, suivant la fantaisie de celui qui en dispose. Pourtant nous ne saurions trop conseiller de ne pas copier les installations du gaz. Avec ce dernier mode de lumière, il y a une complexité de tuyaux apparents, qu'il faut dissimuler avec des ornementations spéciales, et surtout en groupant les becs en lustres ou girandoles. Ces groupements sont absolument inutiles avec l'électricité, et il est toujours préférable, au point de vue de l'économie, comme au point de vue de l'élégance et de la bonne répartition, de disséminer les lampes un peu partout.

Les appareils portatifs les plus légers et les plus commodes sont ceux de M. Taylor Smith. L'auteur a pourtant imaginé un appareil très simple, que MM. Faraday ont introduit récemment dans le commerce. Il permet de fixer à une lampe un écrou mobile, qu'on place dans toutes les directions à volonté, et qui fait que, par cela même, pour une table de travail, un établi, etc., une pareille lampe peut en remplacer plusieurs. Comme le charbon incandescent, quoique à une très haute température, a une surface très faible, il n'y a aucun dégagement de chaleur ou de gaz délétères, et l'on peut, sans danger, placer les lampes près des tentures. Si le globe se casse, d'ailleurs, la lampe s'éteint immédiatement.

Parlons maintenant des conducteurs. Il est nécessaire d'employer toujours des fils bien isolés et bien protégés. Les sections doivent être calculées pour les courants que traversent les conducteurs, en comptant toujours une intensité deux ou trois fois plus grande que le maximum. La conductibilité doit être de 96 à 98 0/0. Les fils ou câbles doivent être placés assez près les uns des autres ; mais il faut prendre toutes les précautions nécessaires contre la possibilité de court-circuits et éviter l'humidité, qui cause des pertes et qui finit par détruire l'isolant. Il y a des câbles qui peuvent être placés sous l'eau, mais ils sont d'un prix très-élevé. Dans les constructions en bois, la manière la plus simple de poser les fils consiste à creuser des rainures et à faire le recouvrement avec des planchettes, qu'on peut facilement enlever. Dans les endroits humides, tels que les caves, par exemple, il est bon de goudronner ou de vernir les bois sur lesquels sont fixés les fils, et les fils eux-mêmes, en disposant les recouvrements pour que le passage de l'air soit facilité. Des auges en cuir sont aussi commodes quelquefois. En tous les cas, il faut éviter que les joints soient placés dans un endroit humide ; ils doivent toujours être faits et isolés avec du vernis : cela très-soigneusement.

La disposition des circuits doit toujours être faite d'une façon claire, pour qu'on puisse s'y reconnaître. Toutes les ramifications doivent partir d'un centre commun. A tout embranchement de fil sur un autre plus gros, il faut mettre un appareil de sûreté, ou mieux encore une pièce fusible sur chacun des deux fils, d'une façon telle que la surveillance en soit facile. Dans les appartements déjà décorés, il est inutile de recouvrir les fils, à part les parties à portée de la main, d'autant que s'ils sont placés sous la corniche, on ne les voit absolument pas. De même, si le montage est fait avant la décoration, on dispose les moulures de manière à tout dissimuler, sans toutefois rendre l'accès impossible. Il ne faut jamais, en effet, placer les fils dans les murs ou sous les parquets, et lorsque deux fils doivent nécessairement se croiser, il faut laisser entre eux un espace suffisant et ne pas intercaler une matière combustible. De même, dans la traversée d'un plancher, le conducteur doit être protégé par une enveloppe de plomb. Avec des fils aériens, au-dessus des maisons, les paratonnerres sont nécessaires, et, dans tous les cas, il faut avoir un schéma indiquant exactement l'emplacement des conducteurs et des joints.

On peut monter les lampes en dérivation, en tension, ou mi-dérivation mi-tension. Comme le montage en dérivation seul n'exige pas de hauts potentiels, c'est lui qui est adopté dans toutes les applications domestiques. Au contraire, on emploie fréquemment le montage en tension dans les bâtiments publics, les usines, etc. Pour donner une idée plus exacte du montage en arc parallèle ou en dérivation, prenons un exemple. Supposons une machine alimentant 20 lampes, et admettons que les bornes soient reliées par 20 fils, correspondant chacun à une lampe. Si tous ces circuits ont la même résistance, le courant se partagera en vingt parties égales, chaque lampe sera traversée par la même intensité de courant, et l'on aura ainsi le montage théorique dit en arc parallèle. Cette disposition n'est évidemment pas pratique. En réalité, on dispose un seul conducteur principal, sur lequel sont branchées les dérivations allant aux lampes, et comme la résistance de cette conduite principale est très faible relativement à celle de chaque dérivation, que la résistance, en outre, comprise entre deux dérivations est négligeable, on a pratiquement la même division que celle qu'eût donnée l'installation théorique, et toutes les lampes ont le même éclat, si le conducteur principal est suffisamment gros.

CHAPITRE III

Couplage des éléments avec les dynamos.

Il résulte de ce qui précède que lorsqu'une dynamo est employée à la charge d'accumulateurs, la force électromotrice est au moins le dixième de celle qui pourrait détériorer les lampes. Si la charge est complète avant le commencement de l'éclairage, il n'y a rien à modifier ; mais comme il n'en est pas toujours ainsi, il est certaines précautions à prendre pour maintenir dans ces limites le courant qui traverse le circuit des lampes. Pour l'instant, nous nous bornerons à signaler le fait, et nous y reviendrons dans le chapitre suivant.

Une dynamo, tournant à une vitesse constante, ne donne pas la même force électromotrice pour toutes les intensités. Ces variations peuvent être représentées par des courbes, dites *caractéristiques*, et chaque machine a sa caractéristique propre. Une machine parfaite devrait donner la même force électromotrice à la même vitesse pour toutes les intensités ; dans ce cas, la caractéristique serait une droite. En réalité, la courbe se rapproche assez d'une ligne droite pour les bonnes machines.

Ce sont les machines enroulées en dérivation qui conviennent le mieux pour la charge des accumulateurs, car, avec les machines compound ou en série, les polarités peuvent être renversées, si la force électromotrice des accumulateurs vient à dépasser celle de la machine. Cependant, MM. Elwell Parker construisent une machine à double enroulement spéciale pour la charge d'accumulateurs. Dans les machines en série, la force électromotrice croît avec l'intensité du courant, tandis que c'est le contraire qui a lieu pour les machines en dérivation, et comme les dynamos compound sont enroulées mi-tension, mi-dérivation, la force électromotrice est pratiquement constante. Examinons seulement la machine en dérivation. La force électromotrice diminue à mesure que l'intensité augmente dans le circuit extérieur et cela pour deux raisons. La première, c'est que l'armature absorbe plus d'énergie quand l'intensité croît, et la seconde, c'est que le circuit très-résistant des inducteurs étant en déviation, est traversé par un courant d'autant plus faible que la résistance du circuit extérieur diminue. Pour une résistance égale à zéro, la force électromotrice est nulle. On croit généralement qu'une machine en dérivation correspond toujours à un travail déterminé : mais c'est inexact pour de bonnes machines qui, par leur construction, doivent donner des caractéristiques droites. C'est sur de pareilles machines que nous devons raisonner, bien que, cependant, pour de petites installations où les pertes sont sans importance, une machine dont la caractéristique s'abaisse soit peut-être préférable. En dehors de ce que nous venons de dire, dans toute dynamo, la force électromotrice varie avec la vitesse. Quand on veut avoir des tensions beaucoup plus élevées que celles pour lesquelles une machine a été faite, il est deux considérations dont il faut tenir compte. En premier lieu, il faut s'assurer que l'armature peut supporter l'augmentation de vitesse, et ensuite il faut augmenter la résistance du shunt par l'addition de résistances extérieures, pour qu'il n'y ait pas d'échauffement anormal.

Pratiquement, dans les machines destinées à marcher à diverses vitesses, on monte les inducteurs en dérivation pour les petites vitesses, et en tension avec le circuit général pour les grandes. On évite ainsi l'addition de résistances extérieures. Mathématiquement, la force électromotrice n'est pas absolument proportionnelle à la vitesse, et lorsque la première augmente, le champ magnétique étant renforcé, il y a encore là une cause d'augmentation, d'autant que dans les machines récentes, le fer doux des inducteurs est toujours loin de son point de saturation. Néanmoins, lorsque la vitesse critique, ou le régime normal est atteint, on peut admettre pratiquement que la force électromotrice est proportionnelle à la vitesse. Le mot de *vitesse critique* a diverses significations suivant les personnes, mais la véritable définition devrait être : la vitesse pour laquelle la courbe se rapproche le plus d'une droite. D'une façon générale, les rapports entre la vitesse, le champ et la résistance de l'armature déterminent la force électromotrice, et le diamètre du fil induit limite l'intensité qu'on ne doit pas dépasser. Tels sont les points principaux à envisager dans une machine. Quant aux éléments, leur force électromotrice est pratiquement constante, mais il va sans dire qu'elle augmente avec la charge, et surtout vers la fin de celle-ci.

Lorsqu'une machine est combinée avec des accumulateurs, il peut se présenter trois cas :

1° La force électromotrice est plus élevée que celle des éléments, alors ceux-ci se chargent ;

2° Les deux forces électromotrices sont égales, alors il n'y a aucune production de courant ;

3° La force électromotrice de la dynamo est plus faible que celle des accumulateurs, alors ceux-ci se déchargent, faisant tourner la machine comme moteur. Ce troisième cas doit toujours être évité.

Ceci dit, comme en réalité les accumulateurs se trouvent intercalés comme une lampe dans le circuit de l'éclairage actionné par la dynamo, il faut voir ce qui se passe dans un circuit lorsque l'un des cas énumérés plus haut se présente.

Nous ne parlerons pas, naturellement, du cas n° 3, qui

n'est qu'un accident. Dans le cas n° 1, la force électromotrice de la machine dominant, tout le courant de l'éclairage est fourni par la dynamo en même temps que les accumulateurs se chargent. De même, dans l'hypothèse n° 2, le courant des lampes est fourni moitié par les machines, moitié par les accumulateurs. Pourtant, à ce point de vue, il est une autre considération. Il est possible de faire monter la force électromotrice de la dynamo un peu au-dessus de celle des éléments, de manière que la machine, tout en faisant l'éclairage, charge à peine les accumulateurs. Nous

Fig. 19.

appelons ce point, le *point d'équilibre*, qui a l'avantage d'assurer une grande fixité à la lumière.

Comme pour la charge, d'après ce qui précède, la force électromotrice de la machine doit diminuer, il ne faut pas fermer le circuit avant la mise en marche. On peut se servir d'un voltmètre et d'un commutateur à main qui intercale les éléments au moment voulu ; mais il est toujours préférable de faire usage d'un appareil automatique qui ferme le circuit au moment même où la force électromotrice nécessaire est atteinte.

La figure 19 représente un instrument de ce genre composé de deux parties : l'une qui règle la force électromotrice, l'autre qui envoie le courant à un commutateur à mercure quand la force électromotrice est suffisante. C'est alors ce commutateur, représenté figure 20, qui intercale les accumulateurs, ou les supprime quand la force électromotrice diminue par trop. En outre, pour éviter un choc aux machines à commutation, le circuit de la dynamo contient une

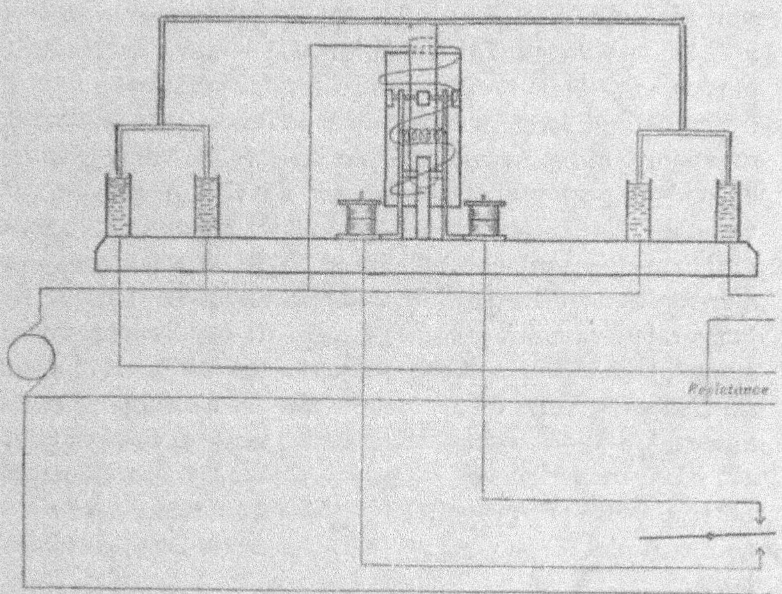

Fig. 20.

résistance égale à celle des accumulateurs, de telle sorte qu'il n'y a pas de changement brusque au moment où les éléments sont intercalés. Au fur et à mesure que la charge augmente, et que la force électromotrice tend à s'opposer de plus en plus au courant de la dynamo, il y a une petite augmentation de force électromotrice dans celle-ci lorsque la courbe de sa caractéristique est accentuée ; de telle sorte que si l'on veut avoir un courant réellement constant, il faut faire usage d'un régulateur. Pour cela, on peut, à la main, introduire des résistances dans le circuit dérivé ; mais il y a des appareils automatiques que nous décrirons plus loin.

La résistance qu'on peut intercaler ainsi étant d'ailleurs très-faible relativement à celle du shunt, la caractéristique reste la même, et il n'y a pas d'étincelles, si les balais sont bien réglés. Lorsque les accumulateurs concourent avec les machines à l'alimentation des lampes, ils assurent la régularité de la lumière, en palliant les variations de la dynamo. C'est alors qu'ils maintiennent constante l'intensité du champ, et les irrégularités de la force électromotrice ne dépendent plus que des variations de vitesse au lieu des variations combinées de la vitesse et du champ. Les accumulateurs peuvent encore assurer la fixité de la lumière d'une autre manière dépendant de la valeur de leur résistance relativement à celle des lignes, de manière que toute augmentation d'intensité se divisant dans le circuit et dans les éléments, dans le rapport même des résistances, cette augmentation soit insensible dans les lampes. Cela ne peut avoir lieu naturellement que si la résistance des éléments est très-faible par rapport à celle des conducteurs, et c'est une nouvelle raison pour avoir des éléments très peu-résistants.

Nous avons démontré récemment qu'une source peu résistante de force électromotrice, intercalée dans la ligne, assure la fixité de l'éclairage, en l'absence des accumulateurs, de la même manière qu'un volant régularise le travail d'une machine à vapeur.

Lorsque le point d'équilibre a été atteint, s'il y a une augmentation d'intensité dans la ligne, la dynamo et les éléments commenceront à donner des quantités de courant égales, puisque la force électromotrice de la machine a baissé. Quand l'intensité normale est rétablie, la force électromotrice ne reprend pas alors sa valeur première, puisque l'intensité du champ n'est plus la même. Il est évident que les machines dont les caractéristiques s'abaissent sensiblement, se règlent automatiquement; mais elles ne sont pas assez économiques pour des installations un peu importantes.

CHAPITRE IV

Méthode de fonctionnement et de réglage.

Il nous reste maintenant à examiner le procédé le plus convenable pour réaliser les conditions énumérées dans le chapitre précédent : 1° Maintenir le courant de charge constant ; 2° Rendre automatiques toutes les opérations ; et 3° Assurer pratiquement une force électromotrice régulière au courant envoyé dans les conducteurs. Toutes ces conditions ne peuvent être réalisées, comme nous l'avons vu, que par des artifices spéciaux que nous allons exposer dans l'ordre.

1° Pour maintenir constante l'intensité du courant de charge, il ne faut pas s'occuper de la force contre-électromotrice des accumulateurs, où lorsque la dynamo seule actionne les lampes, on ne se rapporte pas à la caractéristique et on se borne à régler la différence du potentiel aux bornes de la machine pour le résultat cherché. On y arrive en faisant tourner la dynamo assez vite pour qu'elle donne la force électromotrice nécessaire, soit généralement 25 0/0 plus élevée que celle des accumulateurs. On emploie alors une résistance variable, placée en dérivation, qu'on maintient à la main ou automatiquement. Cette résistance est déterminée de manière que lorsque la machine donne le dixième du courant maximum, la force électromotrice soit à peu près égale à celle qui correspond aux conducteurs principaux. On peut ainsi obtenir la tension voulue puisque la résistance peut varier dans les limites extrêmes.

On peut aussi intercaler un jeu de résistances dans un

des conducteurs, entre la dynamo et les éléments ; mais ce moyen est défectueux, car il coûte cher et fait varier la force électromotrice des accumulateurs. D'ailleurs la perte résultant des résistances en dérivation est insignifiante, car il n'est pas nécessaire de diminuer la tension quand on enlève la machine.

2° Dans le chapitre précédent, nous avons parlé d'un procédé automatique pour mettre en relation la machine et les éléments ; mais l'automatie exige encore deux autres conditions. La première consiste à rendre constant le courant de charge au moyen d'un régulateur, et la seconde à maintenir invariable la force électromotrice du courant des lampes. En effet, le fait de maintenir constant le courant de charge, exige des variations de tension, qui se feraient sentir dans les lampes s'il n'y avait pas de régulateur, car, pour l'éclairage, la force électromotrice de charge serait trop élevée.

3° Pour maintenir une différence de potentiel constante aux bornes des conducteurs principaux, le moyen le plus simple est de réduire la force électromotrice de charge à celle qu'exigent les lampes, et cela par un appareil quelconque placé sur les conducteurs. Cette réduction est absolument inévitable ; on peut l'obtenir au moyen d'une résistance variable mue à la main ou automatiquement. Cependant cette méthode n'est pas très-bonne, et la résistance doit varier, non seulement pour tout changement de force électromotrice, mais aussi pour toute variation de l'intensité de courant des lampes. Depuis quelques années, on préfère employer une source auxiliaire de force contre-électromotrice intercalée dans la conduite. Le principal avantage de ce système est qu'un seul réglage suffit, pour une réduction donnée, indépendamment de l'intensité du courant. Par exemple, si une réduction de 4 volts est nécessaire, une source de 4 volts suffit pour tous les courants.

tandis qu'avec les résistances, il faut un réglage différent pour chaque variation de courant.

La source auxiliaire de force contre-électromotrice se compose simplement d'éléments analogues à ceux des accumulateurs, mais qui n'ont pas été chargés, et dont la solution a été remplacée par de l'eau pure. Un courant passant à travers ces éléments, est réduit à raison de 2 volts par élément, cela sans que les lampes s'en ressentent, puisque le chargement s'opère automatiquement, et au moment voulu. L'ancienne méthode consistait à faire les connexions de manière que quelques éléments puissent être montés en opposition ; mais si ces éléments n'étaient pas plus grands que les autres, ou s'ils n'étaient pas shuntés, ils étaient vite détériorés par le courant trop intense qui les traversait. Dans certains cas, il est préférable d'employer des éléments distincts ; mais dans les grandes installations, le choix de l'une ou de l'autre méthode est indifférent. Dans de petites applications, la répartition des éléments en opposition peut être faite à la main, mais on peut se servir aussi d'un commutateur automatique, à deux directions, identique à celui qui sert à fermer le courant de la machine sur les commutateurs, et actionné par le même régulateur de force électromotrice. Il est évident que, lorsque le courant dans les conducteurs principaux a une haute intensité, le courant de charge est réduit, et la régularité est plus grande. Dans ce cas, il est préférable de charger complètement les accumulateurs avant l'allumage, et, si les lampes doivent être actionnées par la dynamo, le régulateur doit être placé de façon à donner un courant de charge très faible, pour que la machine n'ait à fournir qu'un courant très peu-supérieur à celui qui est nécessaire à l'éclairage. Le meilleur moyen pour monter un régulateur dans ce but, consiste à insérer dans le circuit dérivé une résistance supplémentaire manœuvrée à la main. On intercale graduellement cette résistance, le régulateur agit pour maintenir le courant de charge à sa valeur primitive, et on continue de la sorte jusqu'à la manœuvre complète ; alors, avec une résistance auxiliaire, on fait la dernière réduction du courant de charge. Cette méthode évite le jeu continuel du régulateur pour des courants de charge variables, et la manœuvre du jeu de résistance se fait facilement à la main. On se borne simplement à observer l'ampèremètre indiquant l'intensité du courant de charge, et on tourne la poignée du commutateur jusqu'à ce que l'aiguille arrive à la division voulue. Quelquefois, cependant, la machine permet d'actionner les lampes et de fournir le courant de charge maximum, dans de grandes installations seulement.

Il y a encore un autre avantage à employer un régulateur à force contre-électromotrice, c'est que lorsque les éléments sont disjoints pour une raison ou une autre, la dynamo peut tout actionner directement, le régulateur maintenant la force électromotrice normale pour les lampes. Quelquefois, pourtant, il faut quelques éléments supplémentaires pour maintenir la force électromotrice de la batterie au-dessus de la valeur normale ; mais c'est inutile dans une installation bien faite. Cette addition d'éléments supplémentaires exige une force électromotrice plus grande pour le courant de charge, par suite un régulateur sur le circuit des lampes. Nous avons imaginé le commutateur composé que représentent les figures 21 et 22, qui rend inutile cette augmentation de force électromotrice, et qui a l'avantage d'empêcher les éléments de se détériorer quand on éclaire et qu'on charge les accumulateurs en même temps.

La méthode consiste à doubler le nombre des éléments en opposition et à les monter deux par deux en quantité. Par exemple, supposons les huit derniers éléments montés ainsi et donnant 8 volts. En manœuvrant le commutateur, ces éléments peuvent être chargés en séries successives de

10, 12, 14 et 16 volts, ou de 12 et 16 volts sans tension intermédiaire, et ces augmentations s'ajoutent à la force électromotrice du reste de la batterie. Avec ce système, la force électromotrice de la batterie peut atteindre 8 volts, à tout moment, sans qu'il y ait d'éléments inactifs. Enfin, quand les éléments sont montés deux à deux en dérivation

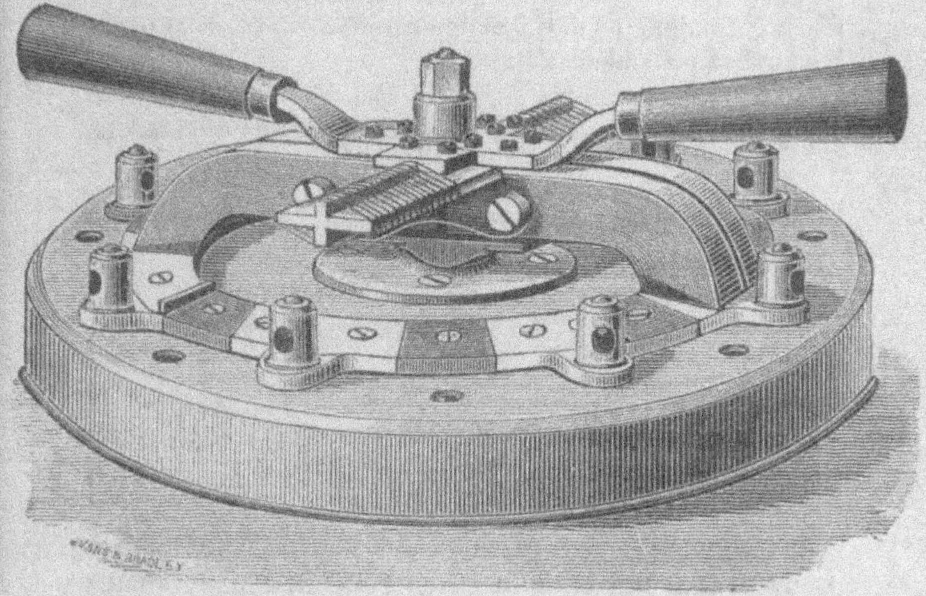

Fig. 21.

une intensité double de la valeur maximum peut la traverser sans inconvénient.

Il est possible avec le commutateur de force contre-électromotrice de n'employer des éléments emmagasineurs n'entrant en circuit que quand on veut faire varier la tension. Lorsque par un second commutateur automatique les fils des éléments peuvent être changés de bout, alors chaque déplacement du régulateur ajoutera ou retranchera 2 volts.

Ce n'est pas très pratique, mais enfin cela peut se faire. Les éléments employés pour réduire la force électromotrice doivent avoir une surface assez grande pour être traversés par le courant maximum, sans qu'il y ait à craindre un dégagement de gaz trop abondant. On doit déterminer les dimensions de manière que le courant soit environ le double de celui qu'ils donneraient comme accumulateurs. Le jeu de ce régulateur ne doit jamais être interrompu, sans quoi, les lampes pourraient s'éteindre.

Lorsque les accumulateurs sont chargés un à un, avec l'emploi d'un commutateur à ruptures, chaque élément se

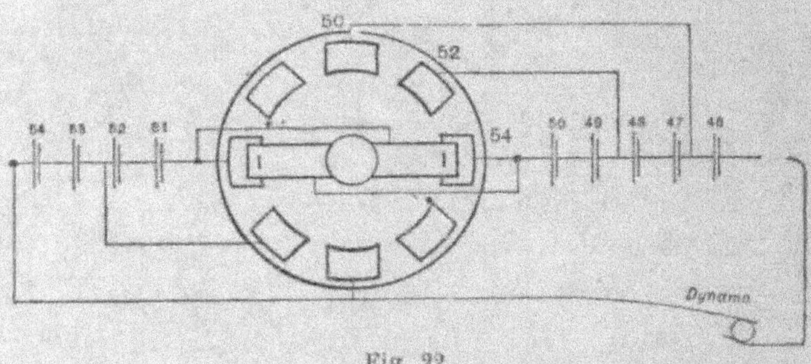

Fig. 22.

trouvant mis successivement en court circuit, il en résulte une forte étincelle qui provoque une décharge brusque et détériore la batterie. Mais si le court-circuit est fermé à travers une petite résistance, la force électromotrice d'un élément n'étant que de 2 volts, l'étincelle est insignifiante et ne cause aucun dommage.

Si donc, dans ces conditions, une résistance convenable peut être intercalée à propos, l'étincelle du court-circuit n'est plus à craindre. MM. Ayrton et Peny prétendent avoir été les premiers à imaginer un commutateur accomplissant cette fonction ; mais il y a d'autres constructeurs qui ont la même prétention. Un tel commutateur se compose de deux branches que réunit l'une à l'autre une petite résistance, qui établit le contact lorsque les branches sont déplacées. Les deux branches doivent être en contact lorsqu'elles sont abandonnées. On peut arriver au même résultat avec d'autres appareils.

En somme, nous avons montré que pour avoir une bonne régulation automatique, les appareils suivants étaient nécessaires :

1° Un commutateur automatique pour le courant de charge, agissant lorsque la force électromotrice est trop élevée ;

2° Un régulateur pour maintenir la constance du courant de charge ;

3° Un régulateur à force contre-électromotrice pour maintenir à sa valeur normale la tension aux bornes des conducteurs principaux.

Enfin, comme appareils supplémentaires il faut :

1° Un commutateur automatique séparant un nombre donné d'éléments pendant la charge ;

2° Un commutateur augmentant la force électromotrice de la batterie en groupant, quand il le faut, les éléments en série ;

3° Un commutateur à main, en liaison avec le régulateur d'intensité, pour pouvoir réduire le courant de charge sans déplacer le régulateur.

Avec ces précautions, il n'y a plus alors qu'à faire tourner la machine et à l'arrêter, sans qu'il soit nécessaire d'employer un ouvrier électricien. D'ailleurs, on peut obtenir l'arrêt automatique d'une machine à vapeur ou d'un moteur à gaz, comme nous l'avons vu précédemment.

La figure 23 représente le schéma d'une installation complète.

On peut démontrer que le moteur à gaz constitue un excellent régulateur du courant, de telle sorte qu'on peut supprimer le régulateur d'intensité, pourvu que la machine ne soit pas trop puissante. En effet, le moteur à gaz tend toujours à donner un travail maximum lorsqu'on lui donne la charge convenable, et comme cette condition peut très facilement être réalisée dans une installation d'éclairage, l'énergie électrique fournie par la dynamo est presque rigoureusement constante. Il en résulte que, pendant la charge, la force contre-électromotrice nécessaire pour maintenir la tension normale dans les conducteurs principaux est presque invariable. Aussi, un régulateur de force contre-électromotrice n'est-il pas absolument nécessaire, et tout ce qu'il faut, c'est un commutateur automatique pour exclure le nombre d'éléments voulus.

Pour attirer l'attention, lorsque la charge des éléments devient trop grande, on peut faire usage d'un signal d'alarme. Cet appareil consiste dans un soléroïde peu résistant intercalé dans les conducteurs, et qui agit sur un noyau de fer quand le courant atteint une certaine intensité. Ce mouvement provoque un contact qui ferme le circuit d'une sonnerie, dont le courant peut provenir d'un des éléments de la batterie. MM. Dracke et Gorham, dans le même but, ont construit un appareil que fait fonctionner l'élévation de température produite par le courant; mais c'est trop délicat pour être pratique.

On peut avoir aussi un arrangement automatique pour indiquer les trop fortes décharges, et éviter les inconvénients qui en résulteraient ; voici le moyen employé : quand le courant de décharge est trop élevé, il fait agir un commutateur magnétique spécial qui introduit des résistances dans le circuit pour ramener l'intensité à sa valeur nor-

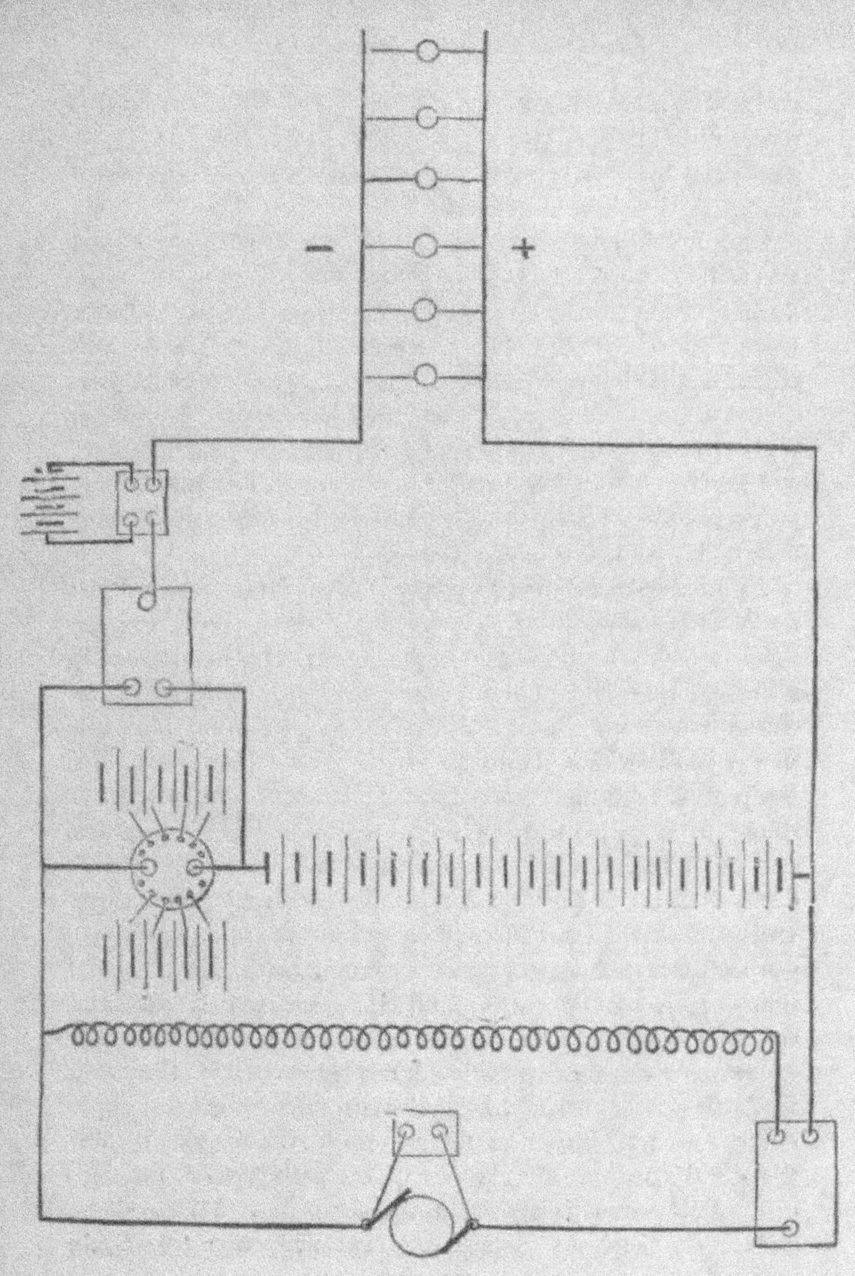

Fig. 23.

male. De même, lorsqu'il y a en circuit un trop grand nombre de lampes, et que, par suite, l'éclat diminue, on en supprime successivement jusqu'à ce qu'on soit revenu à l'intensité lumineuse normale.

On emploie rarement, pour avoir une lumière constante, un régulateur électrique sur la machine à vapeur à cause de la grande vitesse des parties mobiles. Il vaut toujours mieux placer les régulateurs en connexion avec la dynamo ou les conducteurs. D'ailleurs, l'installation la plus dispendieuse est celle d'un régulateur sur la machine. L'appareil réglant la force électromotrice de la machine peut fonctionner rapidement ou lentement ; il peut ne pas répondre toujours immédiatement aux actions qui lui sont faites, mais cela n'altère en rien la régulation.

Avant d'entrer dans la description des détails mécaniques de deux régulateurs très-importants, nous allons exposer deux systèmes spéciaux d'installation. Il est beaucoup d'installations dont le fonctionnement laisse à désirer faute d'une bonne régulation. Il arrive souvent que, dans une petite installation, où un moteur à gaz est employé, les lampes sont actionnées à la fois par les accumulateurs et la dynamo. Il en résulte de grandes variations dans la lumière. En effet, dans de telles conditions, la force électromotrice de la dynamo étant égale à celle des éléments, et chaque variation de vitesse du moteur à gaz modifiant la différence du potentiel aux bornes de la dynamo, tantôt les éléments fournissent tout le courant et réagissent sur la machine devenue moteur, et tantôt c'est le contraire. Il s'en suit que la lumière est très-variable. A cet inconvénient, il est très facile de porter remède, lorsqu'un grand nombre de lampes doivent être allumées en même temps. On disjoint un des fils de dérivation aux balais qu'on rattache de manière que les éléments y envoient un courant de 3 à 4 ampères. On obtient ainsi un champ constant avec une très-faible

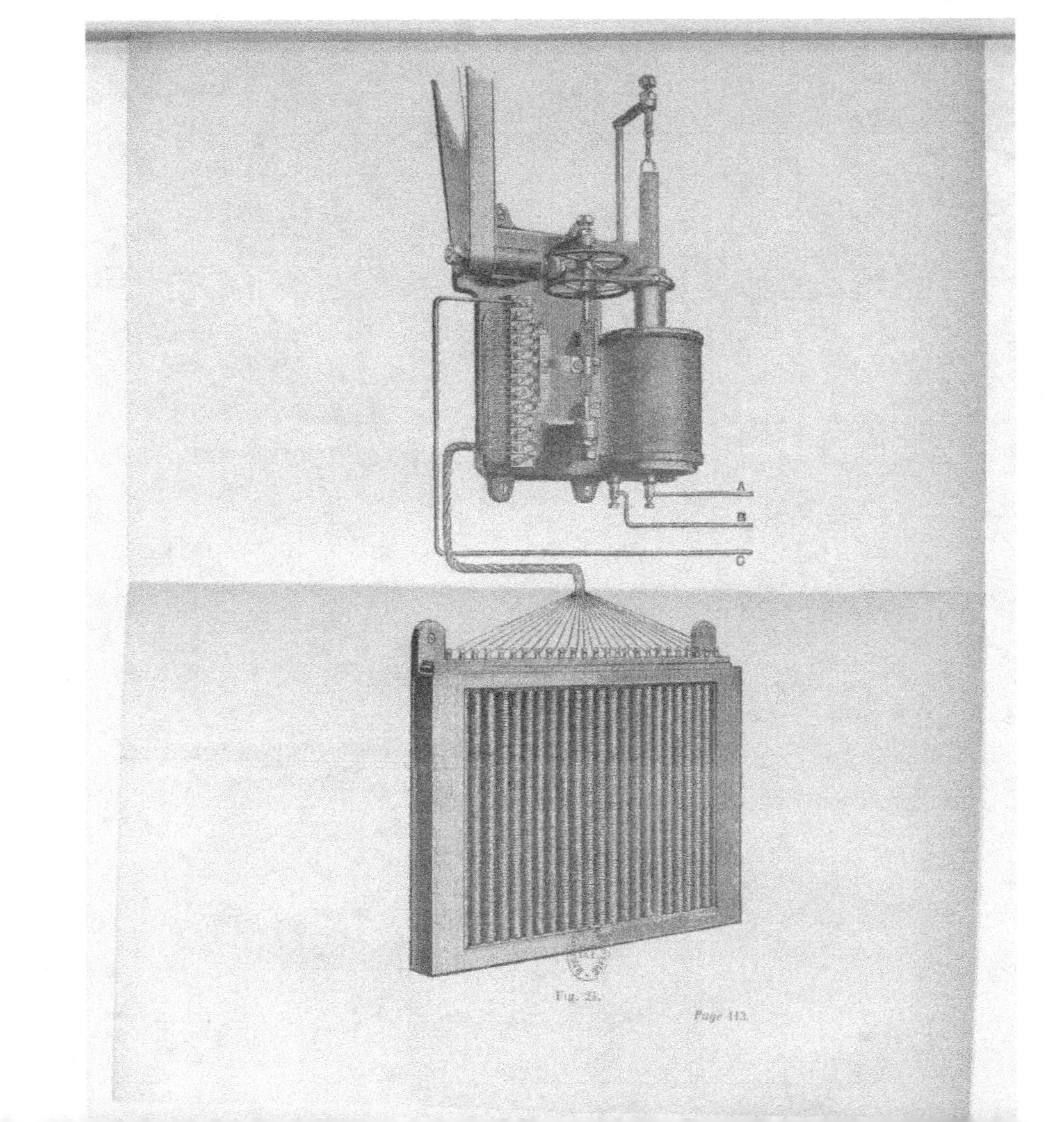

Fig. 25.

Page 113.

perte de charge ; le courant tout entier de la machine va aux lampes, et on fait tourner la dynamo de façon qu'elle donne un peu plus que sa tension nominale. La seule objection qu'on puisse faire, c'est que si un accident arrive à la dynamo, on a une extinction complète ; mais pour obvier à cet inconvénient, on peut facilement disposer un simple arrangement automatique, tel qu'un petit régulateur à force centrifuge à godets de mercure, ou un autre appareil quelconque pour ramener, le cas échéant, les connexions dans leurs positions primitives.

Le régulateur Goolden et Trotter, que représente la figure 24, se compose de deux parties. La première est constituée par un solénoïde, renfermant un noyau suspendu par un ressort. Lorsque la régulation est faite pour un courant constant, le courant passe dans le fil dont la résistance est très-faible, et le noyau est attiré quand l'intensité monte, pour être ramené de nouveau par le ressort quand l'intensité baisse. Quand, au contraire, il s'agit d'une force électromotrice constante, le fil du solénoïde est très-résistant et monté en dérivation, ce qui revient au même, puisque, quand la tension augmente, il y passe plus de courant, et *vice versâ*. L'autre partie se compose d'un commutateur relié à des résistances qui sont placées dans le circuit dérivé des inducteurs de la dynamo. Les branches du commutateur peuvent se mouvoir dans un sens ou dans l'autre, introduisant des résistances ou les enlevant, suivant que le noyau du solénoïde est élevé ou abaissé. Le mouvement réel de la branche est produit par la machine, et le mouvement du noyau ne détermine que le sens du mouvement. A cet effet, la machine actionne constamment une petite poulie, et le noyau manœuvre haut et bas un levier qui met en prise l'une ou l'autre des deux roues d'angle. L'arbre, tournant alors dans un sens ou dans l'autre, fait déplacer de même la branche du commutateur formant écrou sur la partie filetée de l'arbre. Quand aucune des deux roues n'est en prise, la branche du commutateur est immobile. Ce régulateur est très sensible et très robuste.

La figure montre l'appareil en place avec toutes les connexions.

Les régulateurs de force électromotrice spécialement construits par MM. Woodhouse et Rawson, sont devenus très-satisfaisants après quelques perfectionnements dans les détails. En principe, une partie de l'appareil, mue par la

Fig. 25.

machine, oscille continuellement, et nous la supposerons dans cet état pour expliquer le fonctionnement. La partie oscillante comporte deux électro-aimants, n'agissant jamais qu'un à la fois sur deux tiges. Quand une des tiges est attirée, elle fait tourner une roue fixée sur l'arbre qui manœuvre le commutateur, et quand l'autre tige, au contraire, est attirée, le même phénomène se passe, mais en sens inverse. Alors, suivant que les éléments de la force contre-électromotrice sont en circuit ou non, c'est un des électros ou l'autre qui agit.

Un tel appareil, légèrement modifié (fig. 25, 26, 27 et 28), peut remplacer le régulateur Goolden et Trotter.

On a ajouté la disposition suivante pour éviter une action

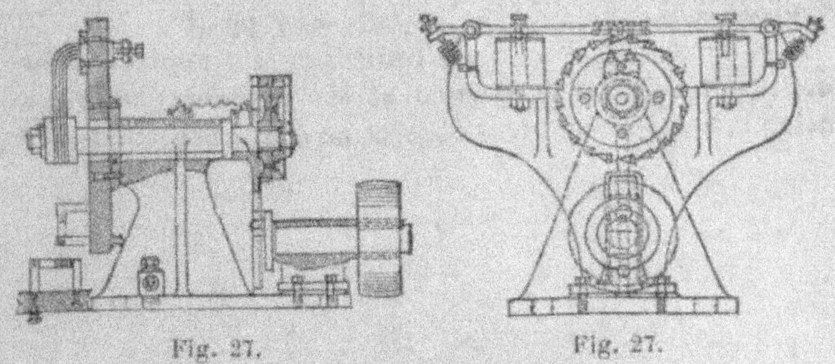

Fig. 27.   Fig. 27.

continue de l'appareil lorsque la machine est au repos. Dans le circuit de chaque électro, sur le régulateur, est inséré un commutateur actionné magnétiquement par le

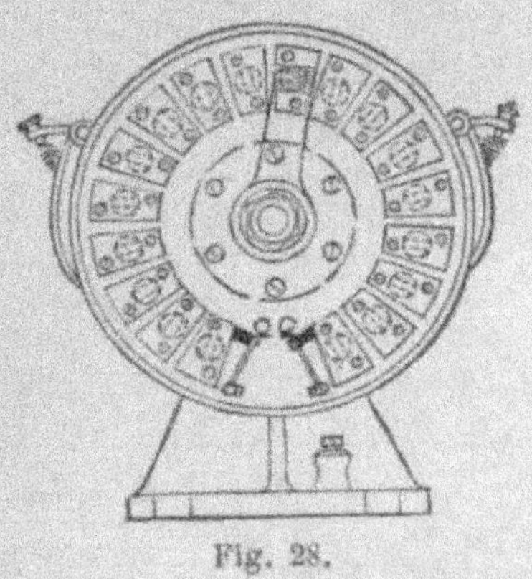

Fig. 28.

courant passant dans ces électro-aimants. Ce commutateur actionne lui-même un petit moteur qui fait fonctionner l'appareil. Aussi, chaque fois qu'une des tiges est abaissée, le moteur tourne sous l'action du commutateur; mais lorsque la force électromotrice normale est rétablie, et qu'aucun courant ne passe dans les électros, le commutateur magnétique cesse d'agir, et le moteur s'arrête. Avec ces dispositions, les résultats sont satisfaisants sous tous les rapports.

Il est encore possible de construire un appareil pour mettre en relation la dynamo et les éléments; mais ces instruments, qui sont très délicats, ne sont pas pratiques.

FIN

TABLE ANALYTIQUE DES MATIÈRES

ANGERS, IMP. BURDIN ET Cⁱᵉ, 4, RUE GARNIER

TÉLÉPHONE
MICROPHONE ET RADIOPHONE

PREMIÈRE ANNÉE 1888

AIDE-MÉMOIRE

DE

L'INGÉNIEUR-ÉLECTRICIEN

RECUEIL

de tables, formules et renseignements pratiques à l'usage
des électriciens.

PAR

G. DUCHÉ, B. MARINOWITCH, E. MEYLAN
et G. SZARVADY

Ingénieurs des Arts et Manufactures.

Un beau volume in-16, nombreuses figures intercalées dans le
texte, cartonnage anglais. Prix : 6 fr.

TABLE DES CHAPITRES

PREMIÈRE PARTIE. — INTRODUCTION

Chapitre Ier. Tables et Formules mathématiques. — Chap. II. Théorie
des Unités. — Chap. III. Mécanique. — Chap. IV. Chaleur. —
Chap. V. Acoustique. — Chap. VI. Optique. — Chap. VII. Elec-
tricité et Magnétisme. — Chap. VIII. Electro-Chimie.

DEUXIÈME PARTIE. — ÉLECTRICITÉ INDUSTRIELLE

Chapitre Ier. Electrométrie. — Chap. II. Machines Dynamo. —
Chap. III. Transformateurs. — Chap. IV. Transport de force. —
Chap. V. Piles et Accumulateurs. — Chap. VI. Electrolyse. —
Chap. VII. Eclairage électrique. — Chap. VIII. Conducteurs.
— Chap. IX. Télégraphie. — Chap. X. Téléphonie.

OUVRAGES SOUS PRESSE

P. CLÉMENCEAU. — Les Machines dynamo-électriques, 80
figures. Prix . . . . 4 fr.
SALOMON. — Les Accumulateurs. . . . . 4 fr.

LE TRANSPORT DE LA FORCE
PAR L'ÉLECTRICITÉ
ET SES APPLICATIONS INDUSTRIELLES
Par E. JAPING

Avec notes et supplément par Marcel DEPREZ

Un volume in-16, 49 figures. Prix. . . . . 5 fr.

TABLE DES MATIÈRES

1. Unités électriques.
2. Introduction du transport de la force en général et en particulier du transport de la force par l'électricité.
3. Forces naturelles propres à être transmises par l'électricité.
4. Machines électriques pour la production du courant électromoteur.
5. Théorie de la transformation du courant en travail.
6. Considérations théoriques, concernant le rapport de la force à de grandes distances.
7. Emploi des machines électriques construites jusqu'à présent pour le rapport de la force et travail qu'elles peuvent fournir dans la pratique.
8. Les conducteurs électriques.
9. La propagation et la distribution du courant électrique.
10. Distribution du courant électrique.
11. Transformateurs et accumulateurs.
12. Procédés pour diminuer les pertes d'énergie.
13. Applications industrielles.
14. Rendement économique du transport de la force par l'électricité.
15. Appendice. Nouvelles expériences du transport de la force.
16. Notes.

D'URBANITZKI

LES LAMPES ÉLECTRIQUES
ET LEURS ACCESSOIRES

Édition française par Georges FOURNIER

EXTRAIT DE LA TABLE DES MATIÈRES

I. Théorie de la lampe à incandescence.
II. Théorie de l'Arc voltaïque.
III. Division de la lumière électrique.
IV. Lampes et appareils d'éclairage. — Lampes à incandescence à conductibilité imparfaite. — Lampes à incandescence à contact imparfait. — Lampes à régulateur. — Bougies électriques. — Lampes avec des charbons inclinés l'un vers l'autre.
V. Charbons pour lampes à arc et leur fabrication.

TRAITÉ
DE
TÉLÉPHONIE INDUSTRIELLE
PAR
Le Dr V. WIETLISBACH
Édition française par P. MARINOWITCH
Ingénieur des Arts et Manufactures.

Un beau volume in-16, 123 figures dans le texte. Prix : 5 fr.

EXTRAIT DE LA PRÉFACE

Cet ouvrage a surtout pour objet de faire connaître l'état actuel de la téléphonie considérée au point de vue industriel. — L'auteur s'est borné à mentionner parmi les appareils et les dispositifs très nombreux en téléphonie ceux seulement qui, à sa connaissance, ont reçu une sanction pratique. On ne trouvera dans ce livre aucun développement historique : l'histoire de la téléphonie a déjà fourni à M. Schwartze une ample matière pour le deuxième volume de notre collection. L'auteur a également laissé de côté toutes les applications accessoires si variées auxquelles se prête la téléphonie : mesures électro-dynamiques, étude des métaux avec la balance d'induction, expériences physiologiques, etc. Grâce à l'étroitesse extrême du cadre dans lequel il s'est à dessein enfermé, il espère être arrivé à donner aux questions qui intéressent la Téléphonie industrielle tous les développements qu'elles comportent.

TABLE DES MATIÈRES

Les Appareils téléphoniques. — Le Téléphone. — Le Microphone. — Les Microphones, genre Hughes. — Le Microphone Edison. — La Translation du courant. — L'Appel. — Les Piles. — Précautions contre la foudre. — Les postes téléphoniques. — Appareils accessoires. — *Les Lignes.* — Les Lignes Téléphoniques aériennes. — Les Supports. — Le Fil. — Le Bourdonnement des fils. — Induction. — Les Câbles. — La Téléphonie à grande distance. — *Les Bureaux centraux.* — Entrée des Fils. — Les Appareils. — Les Annonciateurs. — Le Commutateur. — Les Commutateurs sans appareils d'appel. — Commutateur pour lignes doubles. — Appareils de service dans les Bureaux centraux. — *Appendice.* — Distribution de l'heure au moyen du Téléphone. — La Téléphonie dans le service des chemins de fer.

ˈILES ÉLECTRIQUES
THERMO-ÉLECTRIQUES
ET LES ACCUMULATEURS
Par HAUCK
Édition française par Georges FOURNIER

Un volume in-16. Prix . . . . 4 fr.

L'ÉLECTROLYSE
LA GALVANOPLASTIE ET L'ÉLECTROMÉTALLURGIE
Par E. JAPING
Traduction par Charles BAYE

Un volume in-16, 40 figures. Prix . . . . 4 fr.

GUIDE PRATIQUE

DU

SAVONNIER

PAR

E. SAULNIER ET G. CALMELS

D'APRÈS F. WILTNER

Un volume in-18, 26 figures dans le texte. Prix : 5 fr.

Il n'existait aucun traité récent simple et complet sur la fabrication des savons. Un des collaborateurs de notre collection, M. Calmels, s'est, avec le concours de M. Eugène Saulnier, chargé de combler cette lacune.

Une introduction contient un historique intéressant, l'auteur remonte aux récits de la Bible, aux Hébreux et aux Phéniciens, arrive ensuite à nos ancêtres les Gaulois que l'on peut, d'après Pline, regarder comme les inventeurs d'un savon, composé de suif, de chaux et de cendres de bois qui fut usité jusqu'à la fabrication de la soude artificielle, la préparation en grand de l'acide sulfurique et l'emploi des matières grasses.

C'est M. Chevreul qui a tracé nettement les principes chimiques qui ont rapport à la fabrication des savons.

La partie technique comprend la réaction fondamentale de la saponification, les matières employées, la préparation des lessives alcalines, la fabrication et la saponification en général.

On donne ensuite la classification des savons, la fabrication de diverses sortes de savons, médicinaux, de toilette, etc. On décrit les appareils et les manipulations et de nombreuses figures viennent à l'aide du texte. On s'occupe des couleurs et des substances odorantes. Les spécialités de savons de toilette sont traitées avec les plus grands détails. L'ouvrage se termine par l'analyse des savons.

Par ce rapide aperçu, on voit que l'ouvrage est de la plus grande utilité pour les fabricants; mais il sera précieux pour les personnes que préoccupent les soins de la toilette et qui veulent être éclairées sur la composition des produits qu'elles emploient. Elles pourront ainsi reconnaître les fraudes et s'assurer des qualités hygiéniques des substances. Les parfumeurs, coiffeurs, qui débitent des savons, sont intéressés à connaître la valeur de leurs denrées et à eux aussi le présent livre sera d'un grand secours.

GUIDE PRATIQUE

DU

PARFUMEUR

ODEURS — ESSENCES — VINAIGRES
DENTIFRICES — POUDRES — SACHETS — PASTILLES

PAR

W. ASKINSON

Chimiste parfumeur à Londres.

Un volume in-16, 30 figures dans le texte. — Prix . . . . . 6 fr.

Le grand succès obtenu à l'étranger par l'ouvrage de W. Askinson, nous a décidé à le faire connaître au public français et l'adaptation en a été confiée à un chimiste distingué, M. G. Calmels.

L'auteur a mis son œuvre à la hauteur de l'état actuel de la science, il a décrit les nouvelles méthodes et éclairé ses applications par de nombreuses figures intercalées dans le texte.

Le premier chapitre est consacré à l'histoire de la parfumerie depuis les temps les plus reculés, jusqu'à nos jours. Cet aperçu général est des plus attrayants; il est suivi d'un tableau ou « gamme des odeurs » analogue à celle que nous devons à M. Chevreul pour les couleurs.

La partie technique comprend la division des matières odorantes d'origine végétale, les matières végétales aromatiques, les matières animales employées : ambre, musc, civette, etc., les produits chimiques qui servent à l'extraction des matières odorantes et à la fabrication des parfums, la préparation des matières odorantes et leurs propriétés, les essences pour la préparation des extraits.

On traite aussi la question des falsifications des huiles essentielles et des moyens de les reconnaître. Ensuite on aborde la division des articles de parfumerie; on donne les formules pratiques, qualitatives pour la préparation des parfums de mouchoirs, des parfums secs, poudres de senteur, sachets, pastilles fumigatoires orientales, de sérail, etc.

Après l'hygiène de la peau, émulsions, pâtes, lait végétal, crème, viennent l'hygiène du cheveu, le mode de préparation des pommades et huiles capillaires et pour l'hygiène de la bouche les pâtes, poudres et savons dentifrices.

Les derniers chapitres traitent des couleurs employées en parfumerie et des ustensiles usités pour la toilette.

Comme on le voit, ce volume indique les matières usitées pour embellir la peau, pour l'usage des cheveux et de la bouche, pour l'agrément de l'odorat; il donne aussi les moyens de préparer ces substances et de constater leurs falsifications.

Il s'adresse donc non seulement aux spécialistes, aux parfumeurs, aux médecins, aux hygiénistes, mais aussi et surtout à toutes les personnes qui sont soucieuses des qualités hygiéniques des produits employés.

NOUVEAU COURS DE PHYSIQUE

À l'usage des élèves de la classe des mathématiques spéciales.
Par CH. BRISSE et CH. ANDRÉ

DEUXIÈME ÉDITION
Entièrement conforme au nouveau programme d'admission
à l'École polytechnique.

PAR
CH. BRISSE
Ancien élève de l'École polytechnique, professeur au lycée Condorcet.

ET
CH. RIVIÈRE
Ancien élève de l'École normale, professeur au lycée Saint-Louis.

Un fort volume in-8, près de 800 pages, 616 figures dans le texte et
311 spectres en couleurs. Prix : 17 fr

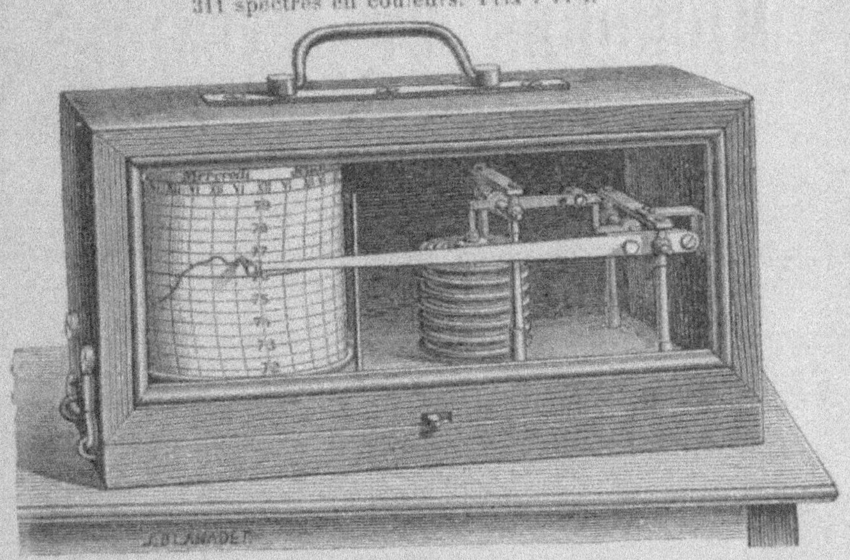

Cet ouvrage, comme l'indique son titre, a été écrit exclusivement pour les élèves de la classe de mathématiques spéciales. C'est un cours d'un seul jet, où tout s'enchaîne dans un ordre méthodique et nécessaire. Pas un calcul ne suppose des connaissances autres que celles du programme de mathématiques de la même classe. La notation différentielle prescrite par le nouveau programme d'admission à l'École polytechnique, y est employée d'un bout à l'autre, et, pour en faciliter la compréhension aux élèves qui n'auraient pas encore vu cette partie du cours de mathématiques au début du cours de physique, une note de deux pages sur les infiniment petits précise le chapitre relatif à la pesanteur. Deux des chapitres qui, croyons-nous, ont le plus embarrassé les élèves l'année dernière, les notions de mécanique et la capillarité, ont été l'objet de tous les soins des auteurs qui pensent les avoir développés avec la plus grande rigueur et sans complications inutiles.

Des exercices, presque tous empruntés aux examens, sont traités complètement dans le cours de l'ouvrage. Enfin, toutes les figures sont dessinées au trait de manière à pouvoir être reproduites facilement au tableau par les candidats.

VACCINATION CHARBONNEUSE

D'après les récents travaux de M. L. PASTEUR

PAR

CH. CHAMBERLAND

Ancien élève de l'École normale supérieure, directeur du Laboratoire de
M. Pasteur.

Un volume in-8, avec figures dans le texte.

Prix . . . . 3 fr.

MICROBES ET MALADIES

GUIDE PRATIQUE

POUR L'ÉTUDE DES MICRO-ORGANISMES

PAR

LE Dr E. KLEIN, F. R. S.

Professeur-adjoint d'anatomie et de physiologie à l'École médicale de Saint-
Bartholomew's Hospital, à Londres.

TRADUIT DE L'ANGLAIS D'APRÈS LA SECONDE ÉDITION PAR

FABRE-DOMERGUE

Licencié ès-sciences naturelles.

Un volume in-16, avec figures dans le texte.

Prix . . . . 5 fr.

ÉMILE LEJEUNE

Ingénieur des Arts et Manufactures.

GUIDE DU BRIQUETIER

ET DU CHAUFOURNIER

Tome I. — Briques, Tuiles, Carreaux, Tuyaux et autres produits
en terre cuite. 1 fort vol. in-16, avec figures dans le texte 8 fr.

Tome II. — Chaux, Ciments, Bétons, Mortiers hydrauliques, Plâtre.
1 volume in-16, avec 75 figures dans le texte. . . . . . . 4 fr.

L'ANNÉE INDUSTRIELLE

1re ANNÉE (1887)

Par MAX DE NANSOUTY

Ingénieur des Arts et Manufactures, Rédacteur en chef du *Génie civil*,
Secrétaire du Comité technique d'électricité à l'Exposition universelle de 1889,

UN BEAU VOLUME IN-18, ILLUSTRATIONS DE L. TISSERON

Prix, franco : 3 fr. 50.

Électricité. — *Construction.* — *Métallurgie.* — *Mines.* — *Mécanique.*
Chimie et Physique. — *Hygiène.*

EXTRAIT DE LA TABLE DES MATIÈRES

ARCHITECTURE — CONSTRUCTION

La tour Eiffel de 300 mètres. — Remplissage des parquets avec du sable. — Emploi de la toile métallique dans la construction. — Les voûtes sans cintres. — Fabrication des portes en papier. — Les cheminées d'usines en briques. — La maison américaine incombustible. — La fabrication des tuiles en Hollande. — Dessication des bois pour l'ébénisterie — Cheminée d'usine en papier. — La plus haute cheminée du monde. — Fabrication de pierres-marbres artificielles. — La xylonite. — Parquet sur bitume. — Fabrication des pierres artificielles.

CHIMIE INDUSTRIELLE ET HYGIÈNE

Construction d'une glacière. — Vaniline et alizarine artificielle. — Le miel d'Amérique. — Le champignon vénéneux de la morue salée. — Le sucre dans le tabac. — Le bordeaux verdissant. — Le cognac artificiel. — Imperméabilisation des vêtements. — Coloration artificielle des vins. — Les liqueurs d'importation. — Tout au pétrin !

PHYSIQUE INDUSTRIELLE. — VARIÉTÉS

Locomotive géante (*La Parisienne*). — Nouvel explosif (*Le Pyronome*). — Le sucre de sorgho. — La cuisson du plâtre. — Recherches de M. Le Chatelier. — Extraction de la quinine du goudron de gaz. — Emploi de la magnésie en papeterie. — Rectification des flegmes d'alcool par l'ozone. — L'industrie chimique et son avenir. — Le diamant de bore. — La fabrication de l'alun français.

TRAVAUX PUBLICS

Excavateur gigantesque. — Action des mortiers sur les tuyaux de plomb. — Un nouveau ciment. — Le tunnel sous la Manche. — Nettoyage mécanique des chaussées. — Bordures de trottoirs en blocs creux artificiels. — Le débit des puits. — Le sciage des pierres. — Les plus fortes grues du monde. — Préparation du marbre artificiel. — Drague colossale.

L'ANNÉE INDUSTRIELLE

2ᵉ ANNÉE (1888)

Par MAX DE NANSOUTY

PRIX, FRANCO : 3 FR. 50

*Électricité. — Construction. — Métallurgie. — Mines. — Mécanique
Physique et Chimie. — Hygiène.*
Spécimen des figures de l'Année Industrielle.

La première année 1887 (voir un extrait de la Table des matières, page 15 de ce Catalogue), est également en vente au prix de 3 fr. 50.

Locomotive géante la Parisienne. Diamètre des roues, 2ᵐ50; poids vide, 38 tonnes; vitesse, 120 à 130 kilomètres à l'heure.

ANGERS, IMP. BURDIN ET Cⁱᵉ, 4, RUE GARNIER.